建筑保温结构一体化技术应用实践探析与发展策略

陈一全　著

中国建材工业出版社

图书在版编目（CIP）数据

建筑保温结构一体化技术应用实践探析与发展策略/
陈一全著．--北京：中国建材工业出版社，2019.9
ISBN 978-7-5160-2610-6

Ⅰ．①建⋯　Ⅱ．①陈⋯　Ⅲ．①保温—建筑结构——一体
化—研究　Ⅳ．①TU352.59

中国版本图书馆 CIP 数据核字（2019）第 145407 号

建筑保温结构一体化技术应用实践探析与发展策略

Jianzhu Baowen Jiegou Yitihua Jishu Yingyong Shijian Tanxi yu Fazhan Celüe

陈一全　著

出版发行：中国建材工业出版社

地　　　址：北京市海淀区三里河路 1 号

邮　　　编：100044

经　　　销：全国各地新华书店

印　　　刷：北京雁林吉兆印刷有限公司

开　　　本：787mm×1092mm　1/16

印　　　张：10

字　　　数：260 千字

版　　　次：2019 年 9 月第 1 版

印　　　次：2019 年 9 月第 1 次

定　　　价：**56.00 元**

作者简介

陈一全，男，1980年5月出生，硕士，九三学社社员，高级工程师，国家一级注册结构工程师、山东省住房和城乡建设厅工程建设标准化委员会委员、山东省住房和城乡建设厅建筑节能专家委员会委员、山东省建筑节能技术与产品认定评审专家、山东省社会组织总会团体标准专业委员会副主任委员、中国绝热节能材料协会标准工作委员会委员、全国建材综合性期刊《墙材革新与建筑节能》杂志专委会（编委会）委员。先后在泰安市城市建设设计院、山东省建设发展研究院（山东省墙材革新与建筑节能办公室）从事建筑结构设计、建筑节能技术与产品认定、新型墙材与装配式建筑技术研究等工作。

作者具有甲级设计院近15年工程设计和现场处理经验，独立设计各类工业与民用建筑单体施工图项目共计400余项，总建筑面积400余万平方米，工程项目均已竣工验收且使用效果良好，设计项目获住房城乡建设部国家康居示范工程1项，入选2009年《山东省新型农居设计图集（下卷）》（《连（单）体二层住宅——小康新居（齐鲁小康新农居）》）1项，获2013年山东省住房和城乡建设厅"绿色农房建设与危房改造住宅建筑设计奖"三等奖1项。

科研成果方面，作者作为第2完成人承担住房城乡建设部研究项目（课题）《农房建筑节能改造及改暖示范和经验总结》（建村〔2017〕52号），第2完成人承担山东省墙材革新与建筑节能科研开发项目《山东省绿色农房建设技术导则》（2013QG003）、参与完成山东省科技厅重点研发计划项目《基于"百年建筑"围护结构节能关键技术研究》（2016GGB07002）等省部级课题研究近10项，负责主持院级子课题1项；起草国家建筑工业行业标准《热固复合聚苯乙烯泡沫保温板》（JG/T 536—2017）、山东省工程建设标准《居住建筑节能设计标准》（DB37/ 5026—2014）、《STP真空绝热板建筑保温系统应用技术规程》（DB37/T 5064—2016）和山东省建筑标准设计图集、山东省建设科技成果推广项目技术导则及工程建设类团体标准等20余项；获授权国家专利7项；《建筑外围护墙体结构自保温成套技术体系研究与应用》获2017年"华夏建设科学技术奖"三等奖1项。

作者出版专著普通高等教育"十二五"规划教材《工程力学》（副主编，中国水利水电出版社，2012-06）、《建筑墙体保温技术及工程应用》（副主编，中国建筑工业出版社，2016-07）；独立作者或第一作者在国内外公开发行学术期刊杂志 Practice Periodical on Structural Design and Construction（ASCE美国土木工程师学会）、《山东建筑大学学报》《青岛理工大学学报》《北方工业大学学报》《山东科技大学学报》《墙材革新与建筑节能》《建筑节能》及《砖瓦》等发表专业性学术论文20余篇。

《建筑保温结构一体化技术应用实践探析与发展策略》
著作主要成员名单

作　　者：陈一全

主要成员：庞和伟　王　振　王　琳　孔凡元

　　　　　刘更见　孙希金　葛金霞　王爱华

　　　　　王培东　刘振江　王华坤　杨慎伟

　　　　　王常霖　马忠志　孙建民　王英顺

序 一

推广建筑保温结构一体化是实现建筑工业化的重要环节之一，建筑材料使用集成多元功能组合、建筑材料转向部品化、建筑施工转向配套装配式是提高资源利用效能的重要途径和发展方向。

陈一全同志凭借自己在这一领域研究与实践的阅历，在长期关注和研究建筑保温结构一体化、材料和材料之间、材料与工程结构应用之间内在的关联，特别关注到研发生产与工程应用之间一定程度上存在的脱节现象，以问题为导向，著写了较为全面、内容细腻、相互之间有紧密逻辑关联的《建筑保温结构一体化技术应用实践探析与发展策略》一书，是现阶段在保温结构方面较为有参考与实用价值的书籍。

我国自20世纪80年代中期开始引进并推广外墙外保温技术体系，至今已有30余年的发展应用历程。随着我国建筑节能技术的不断进步发展，各种新型技术体系逐步形成并完善，陆续应用于实际工程中。尽管其技术发展日臻成熟完善，但在实际工程应用中仍然存在一些难以克服解决的瓶颈问题，如使用阶段保护层开裂、空鼓和脱落、外保温系统构造连接不可靠、渗水裂缝以及有机保温材料系统防火安全性能较差等。

近年来，集外墙围护和保温构造于一体的建筑保温结构一体化技术体系应运而生，实现了保温层与建筑结构同步设计、施工和验收，克服解决了复合保温墙体的同寿命使用和节能、防火设计瓶颈难题。建筑保温结构一体化技术在建筑节能、节约能耗和营造室内舒适环境等方面具有诸多优点，是现阶段我国加快行业结构调整、促进产业转型升级、实现建筑能效提升及推进绿色建材可持续高质量发展的重大集成创新和发展趋势。该技术体系不但能够符合严寒及寒冷地区的高节能率设计标准，也较好地满足了现行严格的防火设计条件，实现了建筑部品部件的工厂化预制生产和工程现场装配式安装施工，这对我国现阶段建筑节能工作健康顺利开展和产业结构调整升级起到了积极的推动作用。

《建筑保温结构一体化技术应用实践探析与发展策略》一书，科学性地总结并划分了建筑保温结构一体化技术的"新四大类"体系内容。尤其是建筑保温结构一体化技术体系的工程应用特点和发展规律，明晰了新时代实现其高质量可持续绿色发展的应用策略和产业结构调整升级研发和侧重方向。著者以独特的见解、缜密的逻辑和丰富的一线工程实践经验对现有各类典型建筑保温技术体系进行了翔实性对比探析研究，为解决保温层墙体脱落固有顽疾提出了可行性方案和建议。

著者就常见的5类夹芯保温类现浇混凝土一体化技术、6类有机保温材料和4类无机保温材料共10类免拆保温外模板类现浇混凝土一体化技术、4类装配式预制墙体类一体化技术体系和4类自保温砌体类一体化技术共计23种建筑保温结构一体化技术体系特征进行了对比研究，对现阶段建筑保温系统防火设计应用提出了"材料防火"和

"系统构造防火"的理念。基于 3 类典型常用外墙保温系统，如 EPS 板薄抹灰保温系统、岩棉薄抹灰保温系统和 FW 外模板现浇混凝土墙体保温系统分别用相关工程案例抗风荷载和抗震设计结果进行比对，对现阶段工程实际应用中锚栓设计数量安全性问题提出了合理解决的对策方案，对建筑保温系统抗震设计试验方法提出了新的探索性应用研究。

著者还针对目前工程应用中存在的各类"擦边球"防火设计应用难题和一线工程设计人员普遍关心的工程设计应用困惑，提出了独到的个人见解和安全应用对策探索，提出了在施工图设计文件中要将建筑保温工程安全适用性内容正式纳入结构专业设计范畴，以解决材料生产与工程设计之间的实际应用脱节问题。

《建筑保温结构一体化技术应用实践探析与发展策略》一书，涉及的内容比较全面，尤其侧重于各种保温材料与主体结构之间的工程应用和设计施工的实操研究，对生产和工程应用都具有较好的实用价值、借鉴和参考意义，其新颖性和针对性较强。

该书涵盖建筑材料、建筑学、土木工程、检测试验等各专业，非常适用于相关材料生产企业、科研院所研发单位、设计施工、质监等相关工程应用人员，亦可作为高等院校的专业辅助参考教材。

整体来看，著者在已发表的 20 余篇论文基础上对现有各类建筑外墙保温工程技术体系进行了实践性总结，体现了著者有较好理论基础和实践经验，对正确认识节能保温领域新技术应用，动态推进现阶段建筑保温结构一体化技术发展具有积极的促进作用。

祝愿本书顺利出版发行，祝愿著者再接再厉为我国的建筑保温结构一体化技术发展做出自己新的、更大的贡献。

中国建筑材料联合会会长

乔龙德

2019 年 8 月 16 日

序　二

随着我国现阶段各类民用建筑、工业建筑和农村房屋建筑的节能率设计标准越来越高，各种有机保温材料带来的防火设计隐患也越来越凸显，同时建筑外墙保温系统的工程应用安全性和耐久性等工程应用问题日益突出，成为困扰国计民生的社会问题，现阶段应运而生的建筑保温结构一体化技术对于有效克服外墙外保温工程的各种应用弊端和不足具有积极的借鉴性和现实意义。

《建筑保温结构一体化技术应用实践探析与发展策略》在对现有外墙保温技术体系进行系统性总结的基础上，在国内首次提出了建筑保温系统可靠度设计的理论概念，并结合各类技术体系特征、经济技术成本分析和保温节能、防火设计特点给出了"材料防火"和"系统构造防火"的工程应用对策，尤其是针对风荷载、地震作用下不同荷载效应组合时的建筑保温系统连接安全性设计和抗震试验方法进行了深入性探析。本书涵盖专业面广，工程应用实践性较强，凝结了作者近20年设计和工程应用的经验和心得，对业内亟待解决及普遍关注的技术难点和工程应用问题提出了新的个人见解、观点和应对措施，是一部行业急需的工程应用研究型著作，相信本书出版会对我国建筑节能事业实现高质量可持续健康发展起到重要的推动作用。

在此之前，我与陈一全同志并不认识，是他在有关杂志上发表多篇有见解的文章才引起我的注意，但从未见面和联系。这次白月枝总编电话告诉我，山东省墙改节能办一位青年写了一本书想委托我作序，随即将书送我翻阅，使我非常感动和振奋，本书最大特点是，它不是由网上资料搜索整理，而是作者近20年从事设计和工程应用实践的总结，对我国现有的常用建筑保温结构一体化技术进行了深入分析和研究，并对存在的问题提出了针对性很强的设计意见和解决措施，具有极高的实用价值，相信本书的出版会产生良好的社会效益。陈一全同志是一位优秀的有志青年，字里行间里可以看出他的勤奋好学和行业担当精神，相信他会在本书研究基础上，在我国奋斗新时代推进建设行业高质量发展和实施装配式建筑的事业中继续做出更大贡献。

陈福广

2019年8月2日

（陈福广，原国家建材局党组成员、政策法规司司长、规划发展司司长，原国家建材局、建设部、农业部、国家土地局墙材革新建筑节能办公室主任，现在被聘为中央国家机关房地产管理专家咨询委员会委员。）

前　　言

　　20 世纪 40 年代，欧美国家率先发明并使用外墙外保温技术，最初用以修补第二次世界大战中受破坏建筑物的外墙裂缝，而后因世界能源紧张主要应用于民用建筑节能工程。我国自 20 世纪 80 年代以来，建筑节能工作稳步推进，建筑节能技术日新月异发展，各类民用建筑、工业建筑和农村房屋建筑的节能率设计标准越来越高，有机保温材料带来的防火设计隐患也越来越凸显，尤其是我国 2008 年 "5·12" 汶川大地震以来，建筑外墙保温系统的工程应用安全性和耐久性问题日益突出，我国的建筑保温结构一体化技术应运而生。

　　本书作者创新提出了建筑保温工程考虑可靠度设计的理论应用概念，建议现行行业标准《外墙外保温工程技术规程》中 "使用年限" 基本规定采用现行国家标准《建筑结构可靠性设计标准》GB50068 中 "设计使用年限"，以确保我国现阶段外墙保温工程的设计可靠度水平。作者在原建筑节能与结构一体化技术四大类型基础之上，重新科学划分了建筑保温结构一体化技术的 "新四大类" 技术体系，重点就常见的 5 类夹芯保温类现浇混凝土一体化技术、6 类有机保温材料和 4 类无机保温材料共 10 类免拆保温外模板类现浇混凝土一体化技术、4 类装配式预制墙体类一体化技术体系和 4 类自保温砌体类一体化技术共计 23 种建筑保温结构一体化技术进行了对比研究。

　　在建筑保温系统热工设计方面，作者强调了建筑外墙节能设计既要考虑冬季室内热舒适性效果又要兼顾夏季室内隔热功能的复合墙体热工设计要求，弥补了目前国内北方寒冷地区和严寒地区各省份现行节能设计标准关于墙体热惰性指标的规定在很多具体工程应用中存在的不足。在建筑保温结构一体化技术防火设计应用方面，本书创新性提出了可采用 "材料防火" 和 "系统构造防火" 两种设计理念来应对防火设计，并对我国现有建筑保温节能技术尤其是保温结构一体化技术体系发展应用进行了规律性归纳总结。此外，针对目前工程应用中存在的各类 "擦边球" 设计棘手问题和一线工程设计人员普遍关心的应用困惑，本书提出了独到见解和对策探索，以方便进一步释疑、解惑和研究探讨，如 "夹芯保温系统" 抹面层是否计入不燃防护层厚度、保温系统抗震试验方法、系统连接安全性设计等。

　　为力求使读者明晰理解，书中还有针对性地设计了大量最新应用的各类 "新四大类" 保温结构一体化技术和现今常用外墙保温技术应用基本构造及节点详图，通过翔实的理论计算分析和具体性典型工程案例对比探讨，客观直接地展现了建筑保温技术尤其是保温结构一体化技术的工程应用问题和相应对策。此外，基于 3 类典型的 EPS 板薄抹灰保温系统、岩棉薄抹灰保温系统和 FW 外模板现浇混凝土墙体保温系统抗风荷载和抗震设计结果，对工程实际应用中锚栓设计数量安全性问题通过工程实例进行质疑，作者创新提出了在施工图设计文件中将建筑保温工程安全适用性内容正式纳入结构专业设计范畴的实践建议，以改变目前仅仅依靠建筑专业进行节能设计而结构专业对此不闻不问的设计应用现状，以及现阶段建筑材料专业不懂工程设计应用、建筑设计专业不懂产品材料性能的技术应用脱节现象，这对减少我国现阶段各类外墙保温工程质量隐患，尤其是避免保温层脱落引起的安全事故有重要现实意义和指导价值。

《建筑保温结构一体化技术应用实践探析与发展策略》一书共包括八个章节。第1章针对现阶段我国建筑用能现状、建筑节能发展背景、外墙保温技术发展背景与应用现状、外墙保温技术特点及存在的问题，对现有建筑外墙保温工程技术体系进行了规律性的特征总结，并提出了可持续发展应用的可行性建议策略。第2章针对建筑保温工程在设计阶段的安全适用性问题，创新提出了修订建筑保温工程"使用年限"术语概念和采用建筑保温工程考虑建筑工程可靠度设计的"设计使用年限"新思路，并建议修订各相关标准并保持与现行国家标准《建筑结构可靠性设计标准》GB 50068设计概念上的一致性，合理界定包括保温结构一体化技术体系在内的建筑保温工程的"设计使用年限"。为合理解决这些工程应用实践问题，尤其是解答一线工程设计人员及广大工程应用人员的困惑之处。第3章就北方典型寒冷地区的山东省居住建筑由节能65%至节能75%设计时的各类外墙保温技术增量成本进行了分析对比，基于工程案例予以翔实阐述，指出不同建筑保温技术体系在现阶段节能、防火等工程应用方面所面临的亟待解决的问题，给出了不同保温技术体系在不同节能率设计时的增量成本探析，并明确指出"设置节能型耐火完整性不低于0.50h的外门窗"是影响现阶段各类保温技术体系增量成本的最主要因素，也建议性地指出了各类保温结构一体化技术体系等在具体依据现行防火设计规范时的"擦边球"设计应用问题和可行性解决策略及方案。第4章在原建筑节能与结构一体化技术四大类型基础之上，根据目前工程应用实际和技术体系特征，本着方便、实用、便于理解掌握的应用原则，重新科学划分了建筑保温结构一体化技术的"新四大类"技术体系，重点就常见的5类夹芯保温类现浇混凝土一体化技术、6类有机保温材料和4类无机保温材料共10类免拆保温外模板类现浇混凝土一体化技术、4类装配式预制墙体类一体化技术体系和4类自保温砌体类一体化技术，共计23种典型构造形式的建筑保温结构一体化技术，分别从其技术特征、系统构造、材料组成、适用条件与范围、应用特点等方面进行了较为详尽的横向和纵向对比分析与研究探讨。尤其是在防火设计应用方面，第5章列举了十余年来国内典型火灾案例，总结了北方寒冷地区民用建筑节能与防火设计特点，结合我国不同历史时期建筑保温材料的防火设计应用问题，给出了现阶段建筑保温一体化技术体系的防火设计与工程应用对策，并就建筑保温一体化技术所构成的"复合保温墙体"耐火性能及耐火试验试件制作条件等问题进行了研究性探讨。第6章和第7章对工程设计一线人员和工程应用人员普遍关注的建筑保温系统尤其是保温结构一体化技术体系在抗风荷载设计、抗震设计及抗震试验方法适用合理性等方面问题，以寒冷地区山东省节能75%设计时80mm厚模塑EPS保温板薄抹灰系统、120mm厚岩棉薄抹灰外保温系统和保温芯材55mm厚FW外模板现浇混凝土墙体保温系统三类典型应用的保温技术体系为例，分别进行了在非抗震设计和抗震设计时承载能力极限状态的荷载效应基本组合设计，并就设计结果和现行有关技术应用规程进行对比分析和探讨研究，尤其是对现阶段该三类典型保温技术的锚栓等连接件的设计安全性提出质疑，借助严谨详细的工程设计实例分析，依据现行国家标准和行业标准，明确给出了其抗风荷载和抗震设计时适用工程实践应用的保温系统连接安全性要求。本书第8章总结了现阶段建筑保温结构一体化技术体系工程应用规律和技术特点，在技术构造发展特征、原材料应用、"材料防火"向复合墙体"构造防火"的设计应用思路和合理利用B级保温材料尤其是B_1级保温材料、适用范围和技术应用领域、生产施工工艺和建筑工业化应用前景等方面给出了可进一步指导建筑保温结构一体化技术可行性发展应用的策略建议，为我国现阶段科学发展和推广应用建筑保温与结构一体化技术指明了方向和道路。

本书著者、著作权人陈一全（山东省建设发展研究院、山东省墙材革新与建筑节能办公室高级工程师，国家一级注册结构工程师），其他参加撰著人员包括庞和伟（济南轨道交通集团资源开发有限公司高级经济师）、王振［中天泰和国际工程勘察设计（北京）有限公司高级工程师、国家一级注册结构工程师］、王琳（济南热力工程有限公司高级工程师）、孔凡元（瑞森新建筑有限公司高级工程师）、刘更见（临沂市规划建筑设计研究院高级工程师）、孙希全（山东建业工程科技有限公司高级工程师、国家一级注册结构工程师）、葛金霞（临沂市规划建筑设计研究院高级工程师）、王爱华（东营市建筑设计研究院高级工程师）、王培东（山东津单幕墙有限公司高级工程师）、刘振江（银丰工程有限公司高级工程师）、王华坤（德州市永泰幕墙装饰有限公司工程师）、杨慎伟（山东津单幕墙有限公司高级工程师）、王常霖（山东津单幕墙有限公司工程师）、马忠志（山东蓬发节能建材有限公司）、孙建民（淄博市临淄鲁恒建材有限公司）、王英顺（山东龙新节能科技有限公司）等，他们分别从事建筑设计、结构设计、工程造价、结构与材料检测、房产开发、工程施工、建筑材料和生产研发等专业领域工作。

本书由我国建材建设系统内德高望重、学识渊博的乔龙德博士（副部长级，中国建筑材料联合会党委书记、会长）和陈福广教授级高级工程师（原国家建材局党组成员、政策法规司司长、规划发展司司长，原国家建材局、建设部、农业部、国家土地局墙材革新建筑节能办公室主任，现为中央国家机关房地产管理专家咨询委员会委员）作序，这使我倍感荣幸、感激、珍惜和鼓舞，也使本书蓬荜生辉。非常感谢乔龙德会长百忙之中审阅书稿，对本书给与了高度关注、重视和赞誉评价，并为作序反复斟酌研究，感谢乔会长的鼓励、认可和和指引性启示。特别感谢在我国墙材革新与建筑节能事业中做出开创性贡献的前辈陈福广司长对我的关心、分享、奉献和期望，并有幸在北京得到他老人家的面授指点，他和蔼可亲的态度、谦恭乐学的精神和谆谆关爱的神情深深激励和鼓舞了我。

本书成稿同时也得到了业内专业精英人士、同仁及师友们的鼓励、帮助和支持，他们分别是我的硕导恩师周学军教授（博导，山东建筑大学土木学院院长、山东省钢结构行业协会会长）、《墙材革新与建筑节能》杂志社白月枝总编辑、中国绝热节能材料协会常务副会长兼秘书长韩继先教授级高级工程师、建筑材料工业技术情报研究所副所长李江教授级高级工程师、中国建筑西南设计研究院有限公司总工程师冯雅教授级高级工程师、北京建筑材料科学研究总院节能建材研究所所长路国忠教授级高级工程师、中国建筑科学研究院有限公司艾明星研究员和韦庆东研究员等，他们对本书的出版提出了非常宝贵的建议和指导，同时感谢中国建材工业出版社孙炎编辑为本书出版所做的工作，特别感谢中国绝热节能材料协会、中国建筑材料联合会、《墙材革新与建筑节能》杂志社和建筑材料工业技术情报研究所对本书出版工作提供的大力支持。

本书作者与陈福广同志

整体而言，全书内容较全面到位，工程应用实用性、新颖性和针对性较强，可供指导工程应用人员尤其是工程设计一线人员和施工图设计审查使用，也可供质量监督、施工、监理、建设、生产制造和科研高校等单位人员学习、参考和使用。本书是作者集近20年一线工程设计经验、施工现场处理实践总结、山东省建筑节能技术与产品认定管理工作及新型墙材、建筑节能技术最新研究成果于一体的心血和结晶，也引用参考了一些著者近年公开发表的20余篇学术论文内容，旨在体现建筑节能领域最新技术应用发展动态和正确引导现阶段我国建筑保温结构一体化技术工程应用和可持续健康发展。鉴于本书内容涉及面较广，横跨建筑学、结构工程、建筑材料、建筑节能、结构试验、材料检测等各应用学科专业，紧扣生产、设计、施工、验收等各工程应用环节，且现阶段国内外建筑节能技术类型复杂多样、日新月异，著述时间也较为仓促，作者深感才疏学浅和水平有限，不能详尽一一解惑以飨慰读者，谨以一己之拙知愚见在行业内抛砖引玉，以求共谋行业发展进步。

本书作为工程应用实践指导用书，就一些业内亟待解决及普遍关注的热门争议性技术难点和工程应用问题提出了新的个人见解、观点和应对策略方法，其中不少内容还有待日后更加细致的深化研究和大量的基础理论来验证补充，当然书中也难免存在不足、疏漏甚至错误之处，恳请广大读者不吝批评指正，本书作者将虚心接受，认真采纳和借鉴各方意见，以便尽微薄之力不断促进我国建设行业技术进步，推动最新科技研究成果信息探索交流，共享新时代科技发展红利，全心全意更好地服务全国节能科技工作。最后我在美丽的泉城济南赋诗一首《德善归心》赠予各位以共勉："明湖映佛德胜山，趵突天下善若水。岱青海蓝唯其正，独尊五岳众归心。"作者陈一全谨以此书为喜迎国庆70周年华诞献礼，让我们携手共创行业发展美好未来。

陈一全

2019 年 3 月 15 日

山东济南

目　　录

第1章 建筑保温技术发展应用规律性总结

1.1 我国建筑用能现状

1.1.1 建筑用能

建筑用能即建筑能耗，也就是与建筑相关的能源消耗，主要包括各种建筑材料的生产用能、运输用能、房屋建造用能、房屋维修用能以及建筑使用过程中的运行用能等。我国建筑用能起步阶段在20世纪70年代末，在此之前由于我国长期贫穷落后，建筑用能占比较低，不足10%。随着改革开放不断深入和经济发展迅猛增长，建筑用能也在不断攀升，近年来我国建筑用能所占社会能源消耗比重越来越大，成为继工业能耗（占65%以上）和交通能耗（约占10%）后的主要能耗主体之一，已由20世纪70年代末的接近10%上升到目前的近1/3（约占27.6%）。最新数据表明，目前包括建筑运行能耗在内的建筑全寿命周期能耗已高达全社会总能耗的47.7%左右[1-3]。

除了全生命周期的建筑运行能耗外，我国建筑用能主要体现在建筑材料和建造过程所消耗的能源，目前约占总能源消耗的20%。中国工程院院士、清华大学建筑节能研究中心主任江亿教授在《中国建筑能耗状况和发展趋势》中指出，我国自2000年以来，北方城镇供暖从用能强度上约降低了30%，但因建筑规模不断增长，其用能总量仍在不断增长；城镇住宅和公共建筑也随建设强度的增加而继续增长，用能总量也在不断增长；而农村住宅中的生物质能源强度持续下降，随之增加的是商品质能的持续上涨。总体而言，现阶段我国建筑用能可分为四大块，即城镇居住建筑用能、公共建筑用能、农村住宅用能和北方供暖用能，各部分所占用能比例大致相当。截至2014年，我国总建筑面积约560亿 m²，建筑商品能耗约为8.19亿 tce，占全社会能源消耗的20%；2015年各省城镇建筑能耗总量相差悬殊，总量排名前三位的分别为山东、广东、江苏。各类建筑单位面积用能逐年变化情况如图1.1和图1.2所示。

1.1.2 建筑用能主要特点及影响因素

相对建筑材料使用和建筑建造用能而言，建筑用能主要体现在建筑运行过程中的能源消耗，即冬季采暖用能和夏季空调用能，其主要特点在于两个方面：

（1）冬季采暖用能较高。据统计，目前我国北方城镇建筑采暖总面积约为75亿 m²，约占全国城镇建筑用能总量的40%。其中约26亿 m²是以各类燃煤或燃气锅炉为热源的集中供热，约26亿 m²是热电联产方式的集中供热，约23亿 m²是小煤炉、热泵、电热供暖等其他分散式供热。

（2）夏季空调用电量较大。自20世纪90年代末以来，中国年发电量按5%~8%

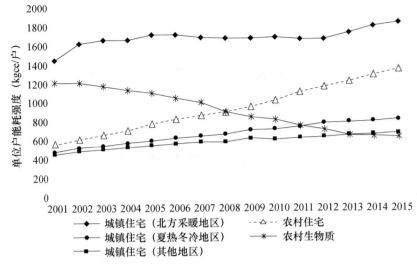

图1.1 各类住宅建筑单位面积用能逐年变化

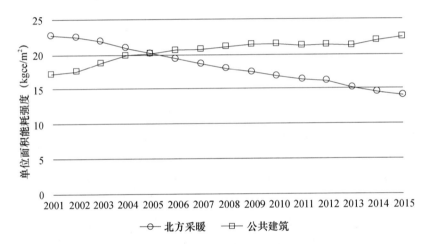

图1.2 北方供暖和公共建筑单位面积能耗强度逐年变化

速度持续增长，由于空调耗电大，夏季使用集中，许多大城市（如北京、上海、武汉、广州、济南等）存在夏季缺电现象。

各类建筑用能总量逐年变化如图1.3所示。

建筑用能的主要影响因素包括以下几个方面：

（1）室外热环境，如太阳辐射、空气温度、空气湿度、风及降水等。

（2）太阳辐射强度。

（3）采暖区和采暖度日数。采暖区与非采暖区的界限大体为陇海线东、中段偏南，西延至西安附近后向西南延伸。采暖区是指一年内平均气温稳定低于5℃的时间超过90d的地区。

（4）供热系统热效率。由于锅炉在运行过程中一般只能将燃料所含热量的55%～70%转化为可供利用的有效热量，而室外管网的输送效率为85%～90%，又在沿途损失10%～15%，剩余47%～63%热量供给建筑物作为采暖供热量。

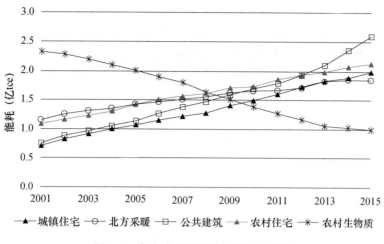

图 1.3　各类建筑用能总量逐年变化图

（5）建筑外围护结构的保温隔热性能和气密性。由于建筑外围护结构的传热损失占 70% ~ 80%，门窗缝隙空气渗透的热损失占 20% ~ 30%，因此加强围护结构的保温隔热性能以及对外门窗的气密性进行处理，是降低建筑用能的重要手段和关键环节。

1.2　我国建筑节能发展背景

随着我国建筑用能所占能源消耗占比的不断增加，尤其是居住运行用能的日益攀升，建筑节能工作的重要性凸显，其主要工作是在保证和提高建筑室内舒适性的条件下，合理使用能源，不断提高能源利用效率和降低不可再生能源如化石能源等能源消耗。目前建筑节能工作是关系到我国建设低碳经济、完成节能减排目标、保持经济可持续发展的重要环节之一。

1.2.1　民用建筑节能

民用建筑节能（以下简称建筑节能），是指在保证民用建筑使用功能和室内热环境质量的前提下，降低其使用过程中能源消耗的活动。民用建筑，是指居住建筑、国家机关办公建筑和商业、金融、文化、教育、体育、卫生、交通、通信等公共建筑。

1.2.2　国内建筑节能发展三阶段

我国建筑节能发展大体经历了三个阶段：第一节能阶段（1986—1994 年）实现节能率 30%，即新建采暖居住建筑在 1980—1981 年当地通用设计能耗水平的基础上普遍降低 30%；第二节能阶段（1995—2010 年）实现节能率 50%，即在达到第一阶段节能目标要求的基础上再节能 30%；第三节能阶段（2010 年至今）全面实现节能率 65%，即在达到第二阶段节能目标要求的基础上再节能 30%。

（1）第一节能阶段（1986—1994 年）实现节能率 30%。

其标志是建设部于 1986 年 3 月发布《民用建筑节能设计标准（采暖居住建筑部分）》（JGJ 26—1986），并于 1986 年 8 月 1 日正式实施。其节能 30% 的含义是新建采暖居住建筑在1980—1981年当地通用设计能耗水平的基础上普遍降低30%。这是我国第一个建筑节能标准制定和试点推广执行阶段。

（2）第二节能阶段（1995—2010年）实现节能率50%。

其标志是相继发布实施了《民用建筑节能设计标准（采暖居住建筑部分）》（JGJ 26—1995）、《夏热冬冷地区居住建筑节能设计标准》（JGJ 134—2001）、《夏热冬暖地区居住建筑节能设计标准》（JGJ 75—2003）、《公共建筑节能设计标准》（GB 50189—2005）等节能设计标准，明确提出了节能50%的要求，即在达到第一阶段节能30%目标要求的基础上再节能30%。其中2005年修订了《民用建筑节能管理规定》，2007年修订的《中华人民共和国节约能源法》成为节能建筑上位法，随着《民用建筑节能条例》《公共机构节能条例》的陆续实施，建筑节能工作在全国范围内进入全面开展阶段。这是我国建筑节能政策全面组织实施和建筑节能工作全面开展的阶段。

（3）第三节能阶段（2010年至今）实现节能率65%，部分地区实现节能率75%。

其标志是2010年修订发布了《严寒和寒冷地区居住建筑节能设计标准》（JGJ 26—2010），将建筑节能目标提高到65%，并于2018年12月18日发布JGJ 26—2018，2019年8月1日实施；2010年修订发布了《夏热冬冷地区居住建筑节能设计标准》（JGJ 134—2010），2012年继续修订发布了《夏热冬暖地区居住建筑节能设计标准》（JGJ 75—2012）。同时，《公共建筑节能设计标准》（GB 50189—2015）也于2015年10月1日起实施。2013年北京发布实施居住建筑节能75%，天津、山东、河北等地也相继实施居住建筑节能75%目标要求，公共建筑全面执行节能65%。同理，"节能率65%"是指新建建筑在节能50%目标要求的基础上再节能30%，即在1980—1981年当地通用设计能耗水平基础上普遍降低65%；"节能率75%"是指在节能65%目标要求的基础上再节能30%，即在1980—1981年当地通用设计能耗水平基础上普遍降低75%。这是我国节能改造和集中供热民用建筑供热体制改革全面开展阶段，也是我国的建筑节能工作进入系列化、体系化的发展阶段，个别发达省份和地区（如北京、天津、山东等地）开始执行节能75%标准和陆续开展被动式低能耗建筑及近零能耗建筑节能设计等。

由此可见，我国建筑节能已达发达国家先进水平，外墙保温技术也不再局限于外墙外保温技术，各类保温与结构一体化技术相继出现，低能耗、超低能耗和被动式房屋建设方兴未艾，但能否彻底解决因外墙保温和围护带来的各种质量通病仍是目前研究和关注的重点及难点，也是本书研究的主要方向。

1.3 外墙保温技术发展背景与应用现状

1.3.1 国外外墙保温技术发展背景及应用现状

1. 国外外墙保温技术发展背景

对于国外外墙保温技术发展背景，我们应重点关注其技术起源和最初目的。之所以目前国内诸多外墙保温工程会出现各类应用弊端和质量通病，甚至常出现保温层脱落、渗水和开裂等质量现象，与其技术起源的发展背景、应用阶段有着密不可分的历史关系和渊源。要想根除这些弊病顽疾，我们必须了解外墙保温技术的起源和发展演变过程，要追根溯源解决问题，而不能头疼医头脚疼医脚，治标而不治本，这也是本书作者的属意和目的所在，这也是本书第一次在国内正式就其技术起源和最初目的提出外墙保温技术（尤其是外墙外保温技术）的进口适宜性问题和适用性问题。

发展外墙外保温技术最初的目的是用于修补因第二次世界大战（二战）而受到破坏的建筑物外墙裂缝。将保温板材粘贴固定于外墙后，不仅能起到遮蔽战后墙体裂缝的作用，还具有较好的保温隔热性能，这就给重质承重墙体复合轻质隔热材料解决建筑热工问题提供了应用思路，且对复合墙体的隔声、防潮和室内热舒适性等方面具有良好作用，因此它源于 20 世纪 40 年代时经历二战创伤的欧洲国家，具有典型的欧美"血统"。由此看出，外墙外保温技术的诞生和发展应用最初并不是为了建筑节能和保温隔热，而仅仅是满足战后最基本的外墙裂缝修复，这也是现在我们的建筑节能工作必须要清晰和明确的基本常识，而非片面地一味强调其辉煌的发展应用历史，这对于本书解决目前外墙存在的各种质量弊端有很大帮助和启发。

2. 国外外墙外保温技术应用历程

1950 年德国发明 EPS 板技术后，直至 1957 年才开始应用，1958 年才研发成功具有真正工程意义的 EPS 板薄抹灰外墙外保温系统，并在 20 世纪 60 年代进行了第一次耐候性测试，这种技术才逐步受到欧洲各国认可并流行应用，并随后引入美国。可见，欧洲 EPS 板薄抹灰外墙外保温系统的诞生、发展和应用也经历了近 20 年的初始探索和研究应用阶段。其实该技术的发展还远不止于此，1973 年发生世界能源危机，因能源短缺，欧美各国以每年近 15% 的速度开始规模化发展应用，并对其系统耐久性、防火安全性、含湿量变化、寒冷地区结露、不同保温系统的冲击荷载反应、实验室性能测试与工程应用实际间的相关性进行了大量理论和应用研究[3]。因此，我们不能否认该技术的历史性贡献和发展应用前景，这对于客观看待外墙外保温技术具有重要意义。

3. 国外外墙保温技术应用现状

目前，欧美国家应用广泛的外墙外保温技术依然是外贴保温板薄抹灰技术，保温材料选择主要包括阻燃型 EPS 板和不燃 A 级岩棉板两类，以涂料饰面为主。如德国 EPS 板薄抹灰系统应用比例高达 82%，岩棉板薄抹灰系统应用比例占 15% 左右。迄今为止，该技术已有 70 年的发展历史，并不断走向成熟和完善。由此可见，当前国外外墙外保温技术也处在一个相对稳定而又不断完善和发展的阶段。

1.3.2　国内外墙保温技术发展背景及应用现状

1. 国内外墙保温技术发展背景

我国建筑节能工作起步较晚，直到改革开放后的 20 世纪 80 年代中期才进行外保温工程试点，其主要标志是 1986 年颁布实施节能率为 30% 的《民用建筑节能设计标准（采暖居住建筑部分）》（JGJ 26—1986）。因当时以 EPS 板和石膏复合保温板为代表的外墙内保温技术的原材料生产和施工简单，造价较低，能够满足当时节能 30% 需求，主要应用在北方采暖地区，是外墙保温技术的主要形式。此外，膨胀珍珠岩和复合硅酸盐保温砂浆等也有应用。但一段时间的工程应用实践表明，外墙内保温技术在北方严寒和寒冷地区开始显现出了诸如冷凝结露、内墙发霉等缺陷和问题，生产和施工质量难以有效控制，因此逐渐被市场淘汰[3]。由此看出，我国的起步阶段外墙保温技术是基于当时的国民经济条件和发展水平而探索应用的，当时仍以外墙内保温技术为主要代表，且是以居住建筑为应用对象，而并没有直接借鉴采用国外的外墙外保温技术，这是本书研究需要注意的方面。我们需要注意，"节能率30%"的准确概念是指新建采暖居住建筑在1980—1981年当地通用设计能耗水平基础上普遍降低30%。

2. 国内外墙外保温技术应用历程

随着内保温技术在北方严寒和寒冷地区的逐步淘汰，1996年在全国第一次建筑节能会议上，明确提出了推广应用外墙外保温技术的工作重点，加大了其研究和应用扶持力度，并着手自主研发了一系列外墙外保温技术，如粘贴EPS板薄抹灰外保温系统、胶粉聚苯颗粒外保温系统、现浇混凝土复合有网/无网EPS板外保温系统、EPS钢丝网架板外保温系统等，基本满足了20世纪90年代和21世纪初我国节能50%的适用要求，于2004年发布实施了现行国家行业标准《外墙外保温工程技术规程》（JGJ 144—2004），2019年3月29日发布JGJ 144—2019将于2019年11月1日实施。在全面接轨欧美各国同类技术的基础上，我国陆续研究发展了粘贴保温板薄抹灰外保温系统、保温装饰板外保温系统、岩棉板外保温系统、胶粉聚苯颗粒贴砌增强竖丝岩棉板外保温系统、喷涂聚氨酯外保温系统以及真空绝热板外保温系统等外墙外保温应用技术，已形成了一套相对完整的技术体系。这一阶段的发展标志是《民用建筑节能设计标准》（JGJ 26—1995）和《公共建筑节能设计标准》（GB 50189—2005）[3]发布实施。由此看出，节能率实现50%是以淘汰内保温技术和发展应用外墙外保温技术为主要代表，并逐步自主研发和应用适合我国国情特点的外墙外保温技术。值得注意的是，居住建筑在1995年、公共建筑在2005年才开始执行50%节能要求。我们需要注意，"节能率50%"的准确概念是指新建建筑在节能30%目标要求的基础上再节能30%，即在1980—1981年当地通用设计能耗水平基础上普遍降低50%，这是我们必须明确的节能概念。

3. 国内外墙保温技术应用现状

目前，我国建筑节能工作处在节能65%和75%阶段。在此阶段，我国修订发布了《严寒和寒冷地区居住建筑节能设计标准》（JGJ 26—2018）和《公共建筑节能设计标准》（GB 50189—2015），标志着建筑节能工作进入了节能65%阶段。

目前，我国的经济实力和技术研发水平已经跃居世界前列，具备了技术上领先世界的战略眼光和长远布局。尽管发展应用程度与国外无异，但我国的气候区域众多，幅员辽阔，建筑规模宏大，关系国民福祉，有必要在克服传统外墙保温技术不足方面走在世界前列，为全球提升建筑品质造福全人类做出新贡献，而不能一味止步不前，抱残守缺。

1.4 外墙保温技术的特点及存在的问题

1.4.1 外墙内保温技术的特点及存在的问题

1. 发展背景及应用现状

我国第一节能阶段（节能30%）采用的建筑节能技术还是以做法简单、造价较低、外墙内保温技术为主。外墙内保温技术是一种传统的保温方式，即在外墙结构的内部加做保温层。因当时以 EPS 板和石膏复合保温板为代表的外墙内保温技术在原材料生产和施工简单，造价较低，能够满足当时节能 30% 需求，主要应用在北方采暖地区，是外墙保温技术的主要形式。此外，膨胀珍珠岩和复合硅酸盐保温砂浆等也有应用。但一段时间的工程应用实践表明，外墙内保温技术在北方严寒和寒冷地区开始显现出诸如冷凝结露、内墙发霉等缺陷问题，生产和施工质量难以有效控制，在热桥的处理上很容易出现问题，因此逐渐淡出市场或者被工程应用所淘汰，近年来由于外保温的飞速发展和国家的政策导向外墙内保温在我国的应用有所减少[3]。不过，外墙内保温技术在我国的夏热冬冷和夏热冬暖地区，还有很大的应用空间和潜力。

由此看出，我国起步阶段的外墙保温技术是基于当时的国民经济条件和发展水平而探索并应用的，当时仍以外墙内保温技术为主，且以居住建筑为应用对象，并没有直接借鉴采用国外的外墙外保温技术，这是本书研究需要强调注意的一个重要方面。因此，我们现在研究外墙保温技术的优势和缺点，进行工程应用利弊分析，终究离不开其根源，俗话讲，万事究其源，溯其根，之所以目前很多保温技术出现了这样那样的问题，也采取了各种各样的改进措施和技术方案，但鲜有根治其弊病的，根本原因在于我们还处于"头疼医头、脚疼医脚"的阶段，治标而不治本。要想在新时代做到建筑节能技术的先进、安全、适用和经济，就要研究其发展背景和应用历程。

2. 主要技术特点

我国外墙内保温技术的常用做法和技术特点如下：

（1）内粘贴保温板无空腔复合墙体构造（图 1.4）

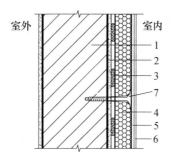

图 1.4　外墙内保温系统（内侧粘贴保温板方式）
1—基层墙体；2—找平处理层；3—粘结层；4—保温层；
5—防护层；6—饰面层；7—锚栓

该类外墙内保温系统的构造特征在于，自室外至室内其复合墙体依次由基层墙体（钢筋混凝土墙体或砌筑类砌体墙体）、找平处理层（水泥砂浆）、粘结层（粘结材料为胶粘剂或粘结石膏）、保温层（有机保温板、无机保温板或复合保温板）、防护层（抗裂抹面构造或复合保温板的无机面板材料）、饰面层［包括找平腻子和涂料、墙纸（布）或面砖等］等共同组成，在工地现场按一定组合方式进行安装施工的无空腔复合墙体保温构造，该构造还包括嵌缝材料、接缝带、锚栓（必要时）等。这里需要注意的是保温板作为内保温技术的主要保温隔热材料，分为有机保温板、无机保温板或复合保温板。由于保温材料含水率和耐水性能的不同，对内保温系统的透水性能等影响也各不相同，因此对于不同材料采用的粘结层材料以及抗裂抹面层材料选用有所区别，但无论采用无机材料还是有机材料，其系统构造技术特征都是一样的。为增强保温板与基层墙体的粘结性能，一般需要对基层墙体进行水泥砂浆找平以便合理控制基层墙体内侧的垂直度和平整度，便于保温板的粘贴锚固。保温板根据材料种类的不同，主要包括以下三类，在工程应用中需要注意对保温板内外侧涂刷界面处理剂以增强其与相邻材料的粘结拉伸性能。

① 匀质有机保温材料

常用内保温技术的有机保温材料主要是模塑聚苯板［EPS 板，俗称白板，导热系数≤0.039W／（m·K）］、模塑石墨聚苯板［SEPS 板，俗称黑板，导热系数≤0.039W／（m·K）］、挤塑聚苯板［XPS 板，导热系数≤0.030W／（m·K）］、挤塑石墨聚苯板［SXPS 板，导热系数≤0.025W／（m·K）］、硬泡聚氨酯板［PU 板，导热系数≤0.024W／（m·K）］、改性酚醛板［MPF 板，导热系数≤0.025W／（m·K）］等。因此，对于有机保温材料而言，由于材料本身闭孔率较高，保温性能较高，密度等级较低，因此对于室内无防水要求时，粘结层材料可以选用胶粘剂，也可以直接采用粘结石膏，一般无须另行设置锚栓予以固定。当室内有防水要求时，如卫生间、厨房、阳台等部位墙体，需要采用胶粘剂而不能采用粘结石膏固定保温板，同样对于防护层也只能采用抹面胶浆复合耐碱玻纤网而不能采用抹面石膏找平后复合抹面胶浆和耐碱玻纤网，这是工程应用中需要注意的地方。

② 匀质无机保温材料

常用内保温技术的无机保温材料主要是以无机轻骨料或发泡水泥、泡沫玻璃等为保温材料，在工厂预制成型的保温板材。由于其材料组分为匀质材料，且采用内保温技术的室内环境热稳定性较好，因此一般采用粘贴方式固定，与匀质有机保温材料一样，一般无须另行设置锚栓予以固定。但无机保温材料的密度相对有机类保温材料而言，其密度较高，一般在 100kg/m³ 以上，其导热系数也偏大，一般导热系数≥0.050W／（m·K）。因此对于匀质无机保温板材而言，其材料内部闭孔率远不如有机类匀质保温材料，对于粘结层材料一般选用胶粘剂比较合适，而不宜采用不耐水的粘结石膏，同样，对于防护层材料也宜选用抹面胶浆复合耐碱玻纤网，而不宜采用石膏砂浆抹面找平处理。这是匀质类无机保温材料与有机保温材料在外墙内保温技术选用材料时的一个主要不同点和需要注意的地方，其主要适用范围在于需要考虑材料本身的含水和耐水性能，以及需要考虑室内环境的潮湿环境类别，比如卫生间、阳台、厨房等有防水功能要求的房间，即使采用匀质类有机保温层，也不能采用石膏砂浆作为其找平材料和粘结材料，而应采用具有防水性能的胶粘剂和抹面胶浆。

③ 内保温复合板

常用内保温技术的保温层材料除了以上两种匀质类无机和有机材料外，还有一种复合保温板材，其主要是有机类保温材料（如 EPS 颗粒保温板等）单面复合无机面层，在工厂预制成型，具有保温、隔热并兼具防护功能的复合保温板材，如现行国家行业标准《外墙内保温板》（JG/T 159—2004）中，主要推荐使用增强水泥聚苯保温板（以聚苯乙烯泡沫塑料板同耐碱玻璃纤维网格布或耐碱纤维及低碱度水泥一起复合而成的保温板）、增强石膏聚苯保温板［以聚苯乙烯泡沫塑料板同中碱玻璃纤维涂塑网格布、建筑石膏（允许掺加质量小于 15% 的水泥）及珍珠岩一起复合而成的保温板］、聚合物水泥聚苯保温板（以耐碱玻璃纤维网格布或耐碱纤维、聚合物低碱度水泥砂浆同聚苯乙烯泡沫塑料板复合而成的保温板）、发泡水泥聚苯保温板（以硫铝酸盐水泥等无机胶凝材料、粉煤灰、发泡剂等同聚苯乙烯泡沫塑料板复合而成的保温板）、水泥聚苯颗粒保温板（以水泥、发泡剂等材料同聚苯乙烯泡沫塑料颗粒经搅拌后，浇注而成的保温板）共 5 类保温板材，它们的共同特点是均采用聚苯乙烯泡沫塑料复合无机类胶凝材料制备而成[4]。在现行国家标准《外墙内保温复合板系统》（GB/T 30593—2014）中，外墙内保温复合板主要是指保温层材料（包括模塑聚苯乙烯泡沫塑料 EPS 板、挤塑聚苯乙烯泡沫塑料 XPS 板、硬泡聚氨酯 PU 板共 3 类）单侧复合无机面板（包括普通纸面石膏板、耐水纸面石膏板、无石棉硅酸钙板或无石棉纤维水泥平板共 4 类）且在工厂预制成型的保温隔热板材[5]。

对于该类复合保温板，用于内保温技术时，不同于匀质保温材料的施工工艺，除采用粘贴工艺外，还需要辅以锚栓固定方式。由于该类复合保温板材的性能介于无机材料与有机材料之间，并在材料复合过程中考虑了其本身的防水和耐水性能，因此对于粘结层材料，可视室内环境条件及防水要求，与匀质类有机保温材料内保温技术一样，无防水要求时一般可选用胶粘剂或者粘结石膏，有防水要求时采用胶粘剂。而对于防护层，材料选用也是同样道理，对现行国家行业标准《外墙内保温板》（JG/T 159—2004）所列 5 类材料，无防水要求时一般可选用石膏砂浆抹面找平处理并辅以薄抹灰抹面胶浆抗裂罩面处理，有防水要求时直接采用抹面胶浆复合耐碱玻纤网；对现行国家标准《外墙内保温复合板系统》（GB/T 30593—2014）中所列复合保温板，由于自带无机面板防护层，故无须抗裂抹面材料，如面板自带饰面时，也无须另行饰面处理。

（2）内抹保温浆料无空腔复合墙体构造（图 1.5）

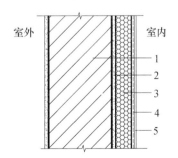

图 1.5　外墙内保温系统（内侧抹保温浆料方式）
1—基层墙体；2—界面处理层；3—保温层；4—防护层；5—饰面层

该类外墙内保温系统的构造特征在于，自室外至室内其复合墙体依次由基层墙体（钢筋混凝土墙体或砌筑类砌体墙体）、界面处理层（界面砂浆）、保温层（保温砂浆包括无机轻集料保温砂浆、聚苯颗粒保温砂浆）、防护层（抗裂抹面构造包括抹面胶浆复合耐碱玻纤网）、饰面层［包括找平腻子和涂料、墙纸（布）或面砖等］等共同组成的无空腔复合墙体保温构造[6]。该类内保温技术的特征是材料保温浆料作为内保温层进行基础墙体内侧的抹面找平施工。该内保温构造与内侧粘贴保温板构造的主要区别在于保温层材料和施工方式的不同，前者为浆料湿作业施工方式的保温材料，后者为工厂化预制成品板材。

（3）内喷涂硬泡聚氨酯无空腔复合墙体构造（图1.6）

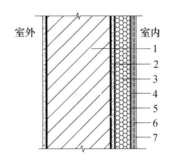

图1.6　外墙内保温系统（内侧喷涂硬泡聚氨酯方式）

1—基层墙体；2—界面层；3—保温层；4—保温界面层；

5—找平层；6—抗裂层；7—饰面层

该类外墙内保温系统的构造特征在于，自室外至室内其复合墙体依次由基层墙体（钢筋混凝土墙体或砌筑类砌体墙体）、界面层（水泥砂浆聚氨酯防潮底漆）、保温层（喷涂硬泡聚氨酯）、保温界面层（专用界面砂浆或专用界面处理剂）、找平层（保温砂浆或聚合物水泥砂浆）、抗裂层（抹面胶浆复合耐碱玻纤网）和饰面层［找平腻子和涂料、墙纸（布）或面砖］等共同组成的无空腔复合墙体保温构造[6]。该内保温构造与内侧粘贴保温板构造的主要区别在于，一是保温层采用先喷工艺，二是保温层外侧除采取必要的界面处理以增强其粘结拉伸性能外，因现场喷涂形成的保温层不规则，立面还需要另行采取浆料找平措施。

（4）龙骨机械固定内保温层复合墙体构造（图1.7）

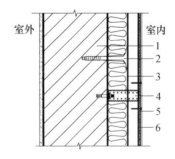

图1.7　外墙内保温系统（内侧龙骨机械固定保温层方式）

1—基层墙体；2—保温层（玻璃棉、岩棉、喷涂硬泡聚氨酯）；

3—隔汽层（PVC、聚丙烯薄膜、铝箔）；4—轻钢龙骨＋龙骨固定件；

5—面层（纸面石膏板或无石棉硅酸钙板或无石棉纤维水泥平板＋自攻螺钉）；6—饰面层

该类外墙内保温系统的构造特征在于，基层墙体内侧无须找平处理，直接铺设玻璃棉、岩棉或喷涂硬泡聚氨酯作为墙体内侧保温层，保温层内侧采用PVC、聚丙烯薄膜或铝箔等材料作为防水隔汽层，同时采用塑料锚钉固定于基层墙体之上，为进一步提高保温效果，材料和外饰面面板及面层采用轻钢龙骨（水平向和竖向）及 U 形固定件将面板（纸面石膏板或无石棉硅酸钙板或无石棉纤维水泥平板 + 自攻螺钉）机械固定在基层墙体之上，共同组成内保温系统。系统构造由外至内分别为基层墙体、保温层、隔汽层、轻钢龙骨 + 龙骨固定件、面层和饰面层[7]。

3. 应用优势

（1）内保温复合外墙的传热系数小，保温性好。

外墙内保温是将保温材料置于外墙体内侧，包括主体结构和保温结构两部分。主体结构一般为砖砌体、混凝土墙或其他承重墙体；保温结构由保温板和空气层组成。由多孔轻质材料构成的轻质墙体或多孔轻质保温材料内保温墙体，传热系数小，保温性好。在内保温复合外墙构造中，由于外侧围护墙体的密实度高于其内侧保温构造材料的密实度，可以考虑在保温层与主体结构之间设置一个空气层来解决保温材料受潮问题，这样内部设置的空气层还可以增加一定的墙体热阻，这使得内保温复合外墙构造的防潮效果较好。

（2）外墙内保温技术构造做法简单，造价较低。

尤其是外墙内保温技术中的内侧拼装、贴砌方式的干法作业施工做法，不但技术较成熟，施工速度快，还可以避免保温材料受施工水分的侵害。

（3）外墙内保温技术尤其适用于间歇性供暖房间。

由于外墙内保温构造主要在室内使用，技术性能要求没有外墙外侧应用那么严格，升温（降温）比较快，尤其适用于间歇性供暖的房间。

4. 存在的主要问题

我国外墙内保温技术也存在其应用的不足和使用的局限性，主要表现在以下几个方面：

（1）热桥部位的局部温差作用易引起室内结露。

外墙内保温构造使得在外墙以现浇钢筋混凝土方式浇筑的梁、柱、楼板等热桥部位易因局部温差过大导致产生结露现象。由于建筑外墙内保温保护的位置仅仅在建筑的内墙及梁内侧，内墙及板对应的外墙部分得不到保温材料的保护，因此，在圈梁、楼板、构造柱等处形成热桥，从而影响整个外墙的保温效果，必须对其外墙构造上存在的这些薄弱环节另行采取保温措施。

（2）室内外温度场效应影响水蒸气扩散。

在采暖建筑中，冬季外墙内外两侧因存在温度差，内保温结构会导致内外墙出现两个温度场而形成内外水蒸气分压力差和外墙面的热胀冷缩现象比内墙面变化大等现象，造成水蒸气逐渐由室内通过外墙向室外扩散。冬天室内的墙体温度与室内墙角温度差约为 10%，与室内的温度差可达到 15℃以上，结露水的浸渍或冻融极易造成保温隔热墙面发霉、开裂。这是由外墙内保温技术本身的技术特征和特点决定的，这也是此技术在我国建筑节能发展阶段的中后期乃至现阶段并不被广泛认同和推广发展的主要原因所在。

（3）季节性温差引起的墙体内外构造反复性形变应力易导致其内保温体系空鼓开裂。

在冬季采暖、夏季制冷的建筑中，室内温度随昼夜和季节的变化通常不大，这种温度变化引起建筑物内墙和楼板的线性变形和体积变化也不大。但是，外墙和屋面受室外温度和太阳辐射热的作用而引起的温度变化幅度较大。当室外温度低于室内温度时，外墙收缩的幅度比内保温隔热体系速度快；当室外温度高于室内气温时，外墙膨胀的速度高于内保温隔热体系。这种反复形变使内保温隔热体系始终处于一种不稳定的墙体基础上，在这种形变应力反复作用下，不仅是外墙易遭受温差应力的破坏，也易造成内保温隔热体系的空鼓开裂。

（4）内保温体系易被内墙悬挂和固定的物件所破坏，影响室内居民的二次装修。

1.4.2 外墙外保温技术的特点及存在的问题

1. 发展背景及应用现状

几十年来，欧、美、日等国对外墙外保温系统进行了大量的基础研究，如 EPS 薄抹灰外墙外保温系统的耐久性问题、寒冷地区温度露点问题、不同类型保温系统在不同抗冲击荷载下的力学反应、实验室测试结果与应用工程性能的相关性等。经过几十年国内外大量的理论研究和工程实践经验总结，目前，外墙外保温系统已形成了相对较为健全、系统的规范标准体系。欧、美、日等国家及我国，广泛应用的外墙外保温系统主要还是薄抹灰外墙外保温系统，其中 EPS 板薄抹灰外墙外保温体系是起源最早、最为成熟的外墙外保温系统。为了进一步提高胶粘剂和抹面胶浆的强度和弹性，工程应用中开始在胶粘剂和抹面胶浆中掺加聚合物，并在抹面胶浆中覆以耐碱型玻璃纤维网格布以加强外侧抹灰层的抗裂性能，再覆以涂料作为表面的装饰层，这样的复合构造组成了现阶段外墙外保温节能技术体系发展的主要特征。同时，随着无机保温浆料（如玻化微珠保温浆料和胶粉聚苯颗粒保温浆料）的工程应用，浆料贴砌复合保温板方式的外墙外保温节能技术构造也成为应用和发展方向。对大量需要装饰效果的非透明幕墙建筑而言，幕墙保温构造也成为外墙外保温构造的一种主要方式。

2. 主要技术特点

根据目前国内北方寒冷地区常用外墙外保温技术的工程应用情况以及保温层与基层墙体、防护层之间的构造关系和施工工艺特征，将外墙外保温技术分为以下 6 种方式，各方式主要技术特点如下。

（1）粘贴锚固保温板（或保温装饰板）方式

这类外墙外保温技术的显著技术特点在于，无论是无机类还是有机类保温板，也无论是裸体保温板还是装饰保温一体化保温板材，无论采用粘贴为主还是锚栓固定为主，均采用粘锚结合的施工工艺，要么粘贴，要么锚固，要么两者结合，但无一例外的是，它们的构造特征是在建筑原有基层外墙体外侧再复合保温隔热节能构造。裸体保温板与装饰保温一体化保温板材的区别在于，保温装饰一体板由于自带饰面材料，无须再做保温层的找平抹面和抗裂处理，在施工工艺上依然采用的是胶粘剂粘贴和锚栓等挂接连接件的辅助锚固等连接方式，并没有从根本上改变其构造特征和技术特点。

随着我国建筑节能发展阶段的不同，这一类保温技术主要出现在节能 50% 发展阶段，也就是 20 世纪 90 年代中后期。有机类保温材料板材包括模塑聚苯板（EPS 板）、挤塑聚苯板（XPS 板）、硬泡聚氨酯板（PU 板）、酚醛板（PF 板）等。现阶段尤其是 2010 年以后，随着节能率的提高和防火要求的严格，各种有机类保温材料的改性研究也日新月异，其中应用较多的是具有阻燃性能的真金板、改性 EPS 板以及聚合聚苯板等，以及保温性能更加优越的模塑石墨聚苯板（SEPS 板）、挤塑型石墨聚苯板（SXPS 板）、高性能硬质泡沫复合塑料保温板（GPES 板、GPIR 板）等。无机类保温材料板材如岩棉板、发泡水泥板、泡沫玻璃板、各类无机轻集料保温板、无机保温浆料保温板（如玻化微珠保温板）及胶粉聚苯颗粒保温板。现阶段我国外墙外保温系统发展迅速并呈多样化发展趋势。

粘贴锚固保温板薄抹灰外墙外保温系统如图 1.8 所示。

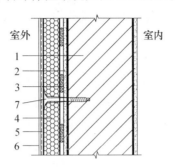

图 1.8　粘贴锚固保温板薄抹灰外墙外保温系统
1—基层墙体；2—找平层；3—粘结层；4—保温层；
5—抗裂抹面层；6—饰面层；7—锚栓

粘贴锚固保温装饰板外墙外保温系统如图 1.9 所示。

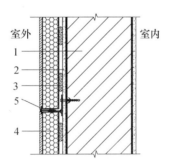

图 1.9　粘贴锚固保温装饰板外墙外保温系统
1—基层墙体；2—找平层；3—粘结层；4—保温装饰板；
5—连接锚固组件 + 嵌缝材料 + 密封膏

保温装饰板是指保温层以及复合在保温层外侧对保温材料起增强和保护作用的外表面构造层即装饰面板，装饰面板可采用硅酸钙板、纤维水泥板、薄型石材、铝合金板、镀铝锌钢板等材料。装饰面板采用无机非金属材料时，可选用纤维增强水泥板或纤维增强硅酸钙板、陶瓷薄板或薄石材。纤维增强水泥板的强度等级不应低于Ⅱ级，表观密度不应小于 $1.45 \mathrm{g/cm^3}$，吸水率不大于 24%，其他性能应符合现行行业标准《外墙用非承重纤维增强水泥板》（JG/T 396—2012）的有关规定；纤维增强硅酸钙板的强度等级不应低于Ⅳ级，密度等级不应小于 D1.5 级，吸水率不应大于 22%，其他性能应符合现行行业标准《纤维增强硅酸钙板　第 1 部分：无石棉硅酸钙板》（JC/T 564.1—2018）的有关规定。装饰面板采用金属材料时，彩涂钢板厚度不应小于0.6mm，其他性能应符合现行国家标准《彩色涂层钢板及钢带》（GB/T 12754）的有关规定；彩涂铝板厚度不应小于1.0mm，其他性能应符合现行国家行业标准《铝及铝合金彩色涂层板、带材》（YS/T 431—2009）的有关规定。

（2）钢制外模板内置EPS保温板现浇墙体方式

① EPS板现浇混凝土外墙外保温系统（无网现浇系统）

该类外墙保温技术在构造形式和技术特征上仍属于外墙外保温技术，在现行国家行业标准《外墙外保温技术规程》（JGJ 144—2004）中称之为"EPS板现浇混凝土外墙外保温系统"（图1.10），因其保温系统内部没有钢丝网，也被形象地称为"无网现浇系统"，其主要针对的是目前应用较多的现浇钢筋混凝土外墙保温[8]。其系统特征在于EPS板在施工时作为外模板内置的保温板，并预安装锚栓等连接件辅以锚固固定在基层现浇混凝土墙体内，同时EPS板内侧与混凝土墙体接触面需要沿水平方向开设矩形槽口以增强与现浇墙体的机械咬合力和锚固结合力。鉴于其板面接触部位的粘锚能力较差，需要在EPS板的内、外表面满喷界面砂浆，其他外侧构造与粘锚结合外保温的技术一样。最大的不同点在于施工工艺的改变，但在技术构造和特征上与粘锚结合外保温层构造没有实质的区别。为了保证EPS板在施工时的竖向变形受控以及不产生过大的侧向挠度，EPS板外侧需要采用钢制大模板，并对EPS板的宽度（宜为2.1m）、高度（宜为楼层层高）和板面界面处理（双面满面积喷涂界面砂浆）做出规定。为处理施工拆除钢制大模板后EPS板外表面的局部不平整，对其局部修整和找平厚度（不得大于10mm）及采用材料（宜用EPS颗粒保温浆料）做出规定。需要注意的是，EPS板现浇混凝土外墙外保温系统（无网现浇系统）除了采用大模内置保温板施工工艺外，其系统构造仍然是采用保温板薄抹灰施工工艺。EPS板作为内置钢模板内侧的保温层，拆模后易出现表面局部不平整等现象，需要采用胶粉聚苯颗粒保温浆料修补，一般而言其找平厚度不应大于10mm。可见，该系统的主要特点除了钢模板内置保温层外，就是利用经界面处理的EPS板内侧开槽工艺增加与基层现浇墙体的粘结咬合力。

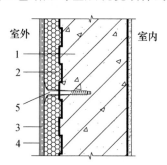

图1.10　EPS板现浇混凝土外墙外保温系统（无网现浇系统）

1—现浇钢筋混凝土墙体；2—水平向内侧开槽EPS板（界面处理）；

3—抗裂抹面层（薄抹灰）；4—饰面层；5—锚栓

② EPS钢丝网架板现浇混凝土外墙外保温系统（有网现浇系统）

该类外墙保温技术在构造形式和技术特征上仍属于外墙外保温技术，在现行国家行业标准《外墙外保温技术规程》（JGJ 144—2004）中称之为"EPS钢丝网架板现浇混凝土外墙外保温系统"（图 1.11）。其保温系统区别于"EPS 板现浇混凝土外墙外保温系统"的显著特征在于，在原有 EPS 板外侧设置了单面钢丝网，为形成立体钢丝网架构造，需要敷设与单面钢丝网垂直方向的斜插丝锚入现浇墙体内，同时安装 φ6 钢筋作为辅助固定件。浇筑混凝土墙体后，EPS 板斜向挑头钢丝与 φ6 钢筋辅助固定件共同与混凝土墙体结合在一起，增加了保温板与基层现浇墙体的锚固结合力。因此，"EPS 钢丝网架板现浇混凝土外墙外保温系统"也被称为"有网现浇系统"[8]。与"无网现浇系统"一样，其主要针对对象也是目前应用较多的现浇钢筋混凝土外墙保温，采用的施工工艺也同样是钢制大模板内置 EPS 钢丝网架板，由于借助于斜向腹丝和水平向 φ6 钢筋作为锚固连接件，而取代了"无网现浇系统"中的锚栓。但由于 EPS 板外侧单面钢丝网的存在，与"无网现浇系统"的薄抹灰抹面构造的不同点在于，此处需要采用厚抹灰抹面构造，同时为防止钢丝锈蚀，需要采用镀锌钢丝，并对斜腹丝外挑头长度和 φ6 钢筋锚固长度及数量等做出规定。厚抹灰的目的主要是考虑单面钢丝网的存在，需要对其进行防护处理。该系统与"无网现浇系统"相比，其保温系统的拉结可靠性要更好一些，但由于斜腹丝的存在，使得现浇内侧钢筋混凝土墙体以及绑扎内部的受力钢筋时多有不便，为改变这一状况和工艺，采用机械固定 EPS 钢丝网架板外墙外保温系统（机械固定系统）会更好一些。

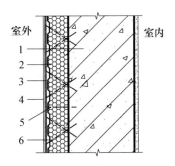

图 1.11　EPS 钢丝网架板现浇混凝土外墙外保温系统（有网现浇系统）

1—现浇钢筋混凝土墙体；2—EPS 单面钢丝网架板（界面处理）；3—厚抹灰抗裂抹面层；

4—饰面层；5—1φ6 钢筋；6—斜腹丝单面钢丝网架

（3）机械固定 EPS 钢丝网架板外墙外保温系统（机械固定系统）

由于斜腹丝挑头和 1φ6 钢筋伸入现浇墙体内，使得内部受力钢筋绑扎施工困难，因此为提高外抗裂层与保温板间的整体性，同时增加保温板与基层墙体间的锚固作用，仍然采用单面钢丝网架板构造，不同之处在于不再设置水平的 1φ6 挑头钢筋，也不再将斜腹丝外伸进入现浇墙体内（图 1.12）。

（4）外喷涂聚氨酯保温层方式（喷涂保温薄抹灰系统）

该类外墙保温技术在构造形式和技术特征上属于外墙外保温技术，只不过是将成品生产的保温板材替换为现场喷涂聚氨酯而已。好处在于对基层墙体的平整度要求不是很高，同时由于现场喷涂施工工艺可以很好地控制保温层的连续性而不至于存在保温层拼缝连接部位处的渗漏和热桥影响，同时对于基层墙体的防火和保护效果会更好。相对而言，对辅助锚栓的耐化学腐蚀起有利作用，保温效果良好（图 1.13）。

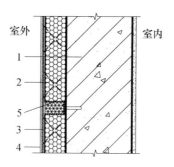

图 1.12　机械固定 EPS 钢丝网架板外墙外保温系统（机械固定系统）

1—现浇钢筋混凝土墙体；2—EPS 单面钢丝网架板（界面处理，腹丝不挑头）；

3—厚抹灰抗裂抹面层；4—饰面层；5—机械固定装置

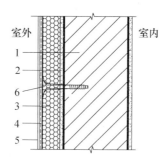

图 1.13　现场喷涂聚氨酯外墙外保温系统（喷涂保温薄抹灰系统）

1—基层墙体；2—界面砂浆（必要时对基层墙体进行找平处理）；3—现喷聚氨酯；

4—薄抹灰抗裂抹面层；5—饰面层；6—锚栓（必要时）

（5）浆料复合保温板方式（浆料复合保温系统）

根据保温浆料的设置部位和层数以及构造特征，浆料复合保温板方式的保温系统主要分为以下几类：

① 单一浆料保温系统

所谓"单一浆料保温系统"，与上述现场喷涂聚氨酯外墙外保温系统类似，区别在于将"现场喷涂聚氨酯"保温材料换成保温浆料。一般而言，保温浆料采用胶粉聚苯颗粒保温浆料/玻化微珠保温浆料或者无机轻集料保温浆料（这里的无机轻集料主要是指玻化微珠、膨胀珍珠岩、陶粒陶砂、膨胀蛭石等）（图 1.14）。但是保温层是仅由保温浆料构成的保温系统，在北方寒冷地区因节能需要，保温层厚度较大，在很多地区应用受到限制，目前仅在节能率要求不高的南方地区作为保温隔热材料使用，北方寒冷地区则非常少见。为了区别于复合浆料保温系统，这里采用"单一浆料"予以强调和引起注意。

② 粘贴保温板复合浆料厚抹灰保温系统

由于薄抹灰工艺使得外保温系统防护层厚度较薄，一般为 3～5mm，对于无机保温板，无须考虑其防火设计时的燃烧性能等级限制，但是对于有机材料保温层就需要考虑其外侧不燃防护层的厚度要求。一般而言，根据现行国家标准《建筑设计防火规范（2018 年版）》（GB 50016—2014）设置的薄抹灰保温系统，首层不燃防护层厚度应不低于 15mm，其他层不低于 5mm。为满足防火设计要求，往往需要在有机材料保温层外

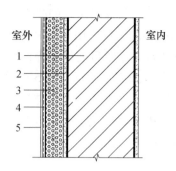

图 1.14　现场喷涂聚氨酯外墙外保温系统（喷涂保温系统）

1—基层墙体；2—界面砂浆（必要时对基层墙体进行找平处理）；

3—单一保温浆料保温层；4—薄抹灰抗裂抹面层；5—饰面层

侧另行采取不燃防护措施，也就是所谓的"厚抹灰"抗裂抹面构造以区别于"薄抹灰"工艺要求。其中，最常见的则是在保温层外侧复合一层 10～20mm 厚保温浆料以构成复合保温层，而后采取抗裂抹面措施和饰面处理。其实，不仅仅是有机保温材料，对于岩棉类无机保温材料，由于其材料特性和横丝岩棉板、竖丝岩棉板与外墙外保温系统各构造层之间的粘结性能较差，有时也需要复合保温浆料以组成复合保温系统构造（图 1.15）。这里主要是以有机保温材料（如 EPS 板、XPS 板、FP 板、SEPS 板、SXPS 板、PU 板等）复合浆料厚抹灰系统构造为主。

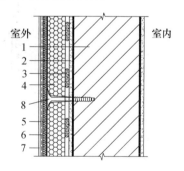

图 1.15　粘贴保温板复合浆料厚抹灰保温系统

1—基层墙体；2—找平层；3—粘结层；4—保温层；5—复合浆料层；

6—抗裂抹面层；7—饰面层；8—锚栓（必要时）

③ 贴砌保温板复合浆料厚抹灰保温系统

所谓"贴砌"构造，主要是区别于"粘贴"施工工艺，是指将保温板置于保温浆料内侧并紧贴施工。这里系统构造依然属于厚抹灰保温构造，类似于保温板粘贴方式的"满粘法"施工工艺，只不过将胶粘剂或者粘结砂浆换成保温浆料而已，同时必要时采用锚栓予以辅助固定。需要注意的是，这类保温构造的一大特点是类似所谓的"三明治"保温系统，浆料层将保温材料六面包裹处理，事实上已形成了包裹保温板式的分仓隔离防火构造（图 1.16）[9]。但对于这类防火体系的性能要求，以及是否可以达到与 A 级保温材料或者现行国家标准《建筑防火设计规范（2018 年版）》（GB 50016—2014）第 6.7.3 条夹芯保温构造相当的水平，确实值得商榷[10]。本书著者认为，这样的六面包裹有机保温材料方式确实可以提高其保温系统的防火性能，但就防火设计的相关规定条文而言，并不满足 B 级保温材料的工程应用和防火设计要求，也不能将之称为防火 A 级构造体系，其防火性能争议非常大，给目前的工程设计带来了困惑。尤其是针对该类体系构造是否需要设置防火隔离带和满足不低于 0.50h 的外门、窗时，更应慎重考虑，只能依据现行防火规范从严把握而不能因其系统阻燃效果优于外墙薄抹灰或者厚抹灰系统而降低其防火设计要求。从根本上来讲，这种构造体系就是贴砌保温板的复合厚抹灰技术，而非新的保温系统构造，尤其是内侧无论是粘贴保温板还是浆料复合保温板，都不能很好地改善其防火性能特点。

基于以上系统构造，对于保温材料为岩棉时，尤其当其吸水率高、密度大时，本身的拉伸粘结强度极低，横丝岩棉板垂直于板面方向的抗拉强度等级仅为 TR7.5（抗拉强度为 7.5kPa）、TR10（抗拉强度为 10kPa）和 TR15（抗拉强度为 10kPa），即使是竖丝岩棉带，其垂直于板面方向的抗拉强度等级也仅为 TR80（抗拉强度为 80kPa），远低于普通有机材料保温板的 0.10MPa（即 100kPa）。因此对于岩棉保温系统构造，可考虑采用贴砌保温板复合浆料厚抹灰构造以克服其工程应用的不足。

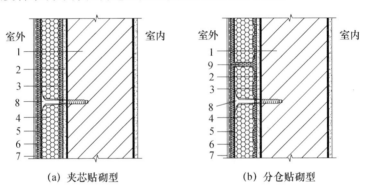

(a) 夹芯贴砌型　　　　　　　　(b) 分仓贴砌型

图 1.16　贴砌保温板复合浆料厚抹灰保温系统

1—基层墙体；2—找平层（必要时）；3—保温浆料粘结层；4—保温层；5—复合浆料找平层；
6—抗裂抹面层；7—饰面层；8—锚栓（必要时）；9—10～15mm 浆料分格缝

④ 无网聚苯板复合浆料现浇墙体厚抹灰保温系统

该保温系统也是采用复合浆料厚抹灰系统，但是由于基层墙体为现浇墙体，采用了钢模板内置聚苯板作为保温材料，同时为了增加内置聚苯板与基层现浇墙体的粘结性能，将聚苯板沿竖向开槽并采用塑料卡钉类连接件辅助固定（图 1.17）。为进一步减少拆模后聚苯板外侧的表面不平整，采用厚抹灰施工工艺进行找平、抹面抗裂和饰面处理。

⑤ 有网聚苯板复合浆料现浇墙体厚抹灰保温系统

对于无网聚苯板复合浆料现浇墙体厚抹灰保温系统，由于仅有塑料卡件和沿竖向开槽聚苯板与基层墙体粘结固定，往往会出现其粘结性能不好或者粘结锚固差的现象，为规避这一缺陷，采用单层立体网架复合聚苯板替代单一开槽式聚苯板则更有利于保温材料与基层墙体的拉结锚固，同时为了增加厚抹灰构造的粘结性能，对聚苯板外侧进行沿水平向开槽处理后采取厚抹灰施工工艺，这就是所谓的"有网聚苯板复合浆料现浇墙体厚抹灰保温系统"（图 1.18）。除了斜腹丝与基层墙体拉结外，也可另行根据需要设置

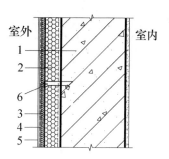

图 1.17 无网聚苯板复合浆料现浇墙体厚抹灰保温系统

1—现浇基层墙体；2—竖向开槽聚苯板；3—复合浆料层；4—抗裂抹面层；

5—饰面层；6—塑料卡钉固定件

锚栓以辅助立体网架聚苯板与基层墙体的锚固。立体网架保温板的特征在于除了聚苯板作为保温层外，在聚苯板外侧设置单层钢丝网和与基层拉结的交叉斜腹丝，因此区别于单面开槽的聚苯板（无网聚苯板）而称之为"有网聚苯板"。

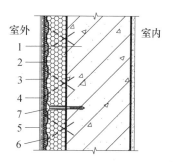

图 1.18 有网聚苯板复合浆料现浇墙体厚抹灰保温系统

1—现浇基层墙体；2—单面钢丝网架聚苯板；3—复合浆料层；4—抗裂抹面层；

5—饰面层；6—单面钢丝网＋交叉斜腹丝；7—锚栓（必要时）

⑥ 现场喷涂聚氨酯复合浆料厚抹灰系统

这种构造区别于现场喷涂聚氨酯薄抹灰构造，主要是考虑喷涂后其保温层表面不平整而采用浆料予以找平抹面处理，同时为增强保温系统的外防护性能，故采用复合浆料厚抹灰构造（图 1.19）。

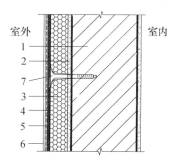

图 1.19 现场喷涂聚氨酯外墙外保温系统（喷涂保温厚抹灰系统）

1—基层墙体；2—界面砂浆（必要时对基层墙体进行找平处理）；3—现喷聚氨酯；

4—厚抹灰浆料复合层；5—抗裂抹面层；6—饰面层；7—锚栓（必要时）

（6）保温层复合幕墙保温方式

保温层复合幕墙系统的应用主要在于追求其建筑物的立面装饰效果，但对于北方寒冷地区，还要考虑其热工性能要求和建筑节能需要，这就需要在幕墙内侧敷设保温层，因此该类保温系统可以说是幕墙体系与保温系统的结合体（图1.20）。幕墙体系主要由龙骨和面板以及机械锚固组件等构成，与基层墙体安全连接即可，由于内部是有空腔构造的复合墙体，需要根据防火设计要求对其空腔在楼层部位进行必要的防火封堵。而外墙的保温体系，多采用无机保温材料如岩棉、玻璃棉等，也可采用无机纤维喷涂材料，由于对其吸水率等性能要求有规定，因此需要在其保温材料外侧设置防水透气膜构造，同时为增强其保温体系的粘结性能，需要对保温板进行界面处理。而对于其他无机保温板如发泡水泥板、无机轻集料保温板等以及有机保温材料，只需采用与普通外墙外保温技术相同的技术特征进行设计即可，并没有比较特殊的保温措施和技术特征，无非是粘锚结合或者浆料贴砌或复合保温板等方式固定保温层与基层墙体。具体保温系统构造可参照现行山东省工程建设标准《非透明幕墙建筑外墙保温工程技术规程》（DB37/T 5023—2014），此处不再赘述[11]。

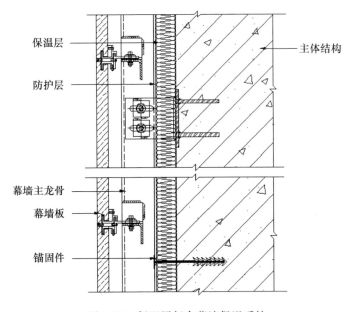

图1.20 保温层复合幕墙保温系统

3. 应用优势

在我国第二节能阶段，应用最为普遍和自主发展的还是外墙外保温技术体系。其最大的应用特点是，在重质的建筑围护外墙体外侧复合轻质的保温系统使复合保温墙体具有良好的保温隔热性能，从而使得建筑复合墙体的传热系数和热惰性指标满足节能设计或节能标准要求的同时，进一步降低其建筑物采暖和空调能耗。应特别注意的是，保温层设在墙体结构层外侧，外墙外保温层优越的隔热、隔冷效能使结构层内温度变化及其梯度均小得多，温度相当稳定，从而在结构层内产生的温度应力及其变化大为减小。从热工原理上看，这是最科学的节能方式，也是最合理的墙体结构组合方式。

外保温不但解决了保温问题，也减薄了对力学要求来说过于富足的墙体厚度，减少了土建成本；而这种复合的墙体结构在满足力学要求、保护了主体结构的同时，还在隔声、防火防潮、热舒适性等各方面都具有最佳性能，这应该是我们关注外墙外保温技术的重点所在。

现阶段外墙保温工程技术应用存在一个怪圈，尤其是北方寒冷地区，随着节能率和防火设计要求的提高，甚至在一些不规范的地方类工程建设标准中，一味强调其冬季的保温节能效果，而忽视墙体在夏季的隔热效果和节能耗能情况，造成了节能设计误区和热工设计不足，比如有的外墙板仅仅采用轻质的保温材料复合装饰面板和轻钢龙骨构造，看似提高了墙体抗震性能，也一定程度上可以满足非承重外墙与主体结构的连接安全性要求，但是它忽略了一个重要的性能指标参数——热惰性，这是现行国家标准《民用建筑热工设计规范》（GB 50176—2016）中予以明确规定的。热惰性即受到波动热作用时其墙体材料构造层抵抗温度波动变化的能力，在建筑热工设计时，冬季室外计算温度 t_e 也应根据围护结构热惰性指标 D 值的不同予以取值，它与材料的热阻值和蓄热系数密切相关。围护结构保温设计关于外墙的要求是，宜采用热惰性大的材料和构造，为提高其墙体热稳定性，一般内侧采用重质材料作为复合保温墙体，而基层墙体内侧一般采用蓄热性能较好的材料或者相变材料[12]。

除此以外，外墙外保温技术的优势还主要体现在以下几方面：

（1）保护主体结构，不受外部气候变化影响。

由于保温层置于建筑物围护结构外侧，缓冲了因温度变化导致结构变形产生的应力，避免了雨、雪、冻、融、干、湿循环造成的结构破坏，减少了空气中有害气体和紫外线对围护结构的侵蚀。事实证明，只要墙体和屋面保温隔热材料选材适当、厚度合理，外保温可有效防止和减少墙体和屋面的温度变形，有效地消除了顶层横墙常见的斜裂缝或八字裂缝。因此，外保温既可减少围护结构的温度应力，又对主体结构起保护作用，从而有效地提高了主体结构耐久性，故相对而言外保温技术比内保温更科学合理。

（2）基本消除了"热桥"不利影响。

采用外保温在避免"热桥"方面比内保温更有利，如在内外墙交界部位、外墙圈梁、构造柱、框架梁、柱、门窗洞口以及顶层女儿墙与屋面板交界周边所产生的"热桥"。经统计，底层房间"热桥"附加热负荷约占总热负荷的 23.7%；中间层房间占 21.7%；顶层房间占 24.3%。可见，"热桥"的影响还是较大的。上述"热桥"对内保温而言，几乎难以避免，而外保温既可防止"热桥"部位产生的结露，又可消除"热桥"造成的附加热损失。计算表明，在厚度为 370mm 砖墙内保温下，周边"热桥"使平均传热系数比主体部位传热系数增加 51% ~ 59%，而在厚度 240mm 砖墙外保温条件下，这种影响仅为 2% ~ 5%。

（3）室内潮湿情况得到改善，有利于室温保持稳定和改善室内热环境质量。

一般情况下，内保温须设置隔汽层，而采用外保温时，由于蒸汽渗透性高的主体结构材料处于保温层的内侧，用稳态传湿理论进行冷凝分析，只要保温材料选材适当，在墙体内部一般不会发生冷凝现象，故无须设置隔汽层。同时，由于采取外保温措施后，结构层的整个墙身温度提高了，降低了它的含湿量，因而进一步改善了墙体的保温性能。外保温墙体由于蓄热能力较大的结构层在墙体内侧，当室内受到不稳定热作用，室内空气温度上升或下降时，墙体结构能够吸收或释放热量，故有利于室温保持稳定。室内热环境质量受室内空气温度和围护结构表面温度的影响。如采用外保温墙体，全面提高墙体的保温性能，则有利于保持室内空气和墙体内表面有较高温度，从而有利于改善室内热环境。

（4）有利于提高墙体的防水和气密性。

加气混凝土、混凝土空心砌块等墙体，在砌筑灰缝和面砖粘贴不密实的情况下，其防水和气密性较差，采用外保温构造，则可大大提高墙体的防水和气密性能。

（5）适用范围广，便于旧建筑物进行节能改造。

外保温适用于采暖和有空调的工业与民用建筑，既可用于新建工程，又可用于旧房改造，便于既有建筑进行节能改造，适用范围较广。与内保温相比，采用外保温方式对旧房进行节能改造，其最大优点之一是无须临时搬迁，基本不影响用户的室内活动和正常生活。

4. 存在的问题

尽管从以上所述外墙外保温优势可以看出，无论从建筑节能的机理或从实际节能效果来看，外保温做法都是最佳选择。但是不可否认，目前外墙外保温工程尤其是薄抹灰系统出现的问题最多，外墙保温层脱落、开裂、渗水等现象多有发生。加之近年来尤其是第二和第三节能阶段均以有机保温材料为主要保温层，因保温工程引起的火灾事故频频发生，造成极大的社会影响、经济损失和人员伤亡。现阶段除了节能75%外，还对有些项目实施了更高节能标准的近零能耗节能设计，如此后的保温层厚度，其安全耐久性和经济合理性如何？在现阶段高节能标准和防火要求条件下，工程应用人员和业内人士不禁发出共同的困惑和疑虑——"外墙外保温究竟怎么了？""敢问路在何方？"

1.4.3 外墙夹芯保温技术的特点及存在的问题

外墙夹芯保温技术区别于其他保温系统（如内保温系统和外保温系统）的最大特征在于，由于保温层置于内外墙体内部而形成所谓的真正意义上的"三明治"构造方式复合保温墙体，其构造特征既不是内保温技术的薄抹灰工艺，也不是外保温技术的薄抹灰或者厚抹灰工艺，而是实实在在的由内叶墙（或称为主墙）、外叶墙（或称为辅墙）和保温层三者组合而成的复合墙体构造。因此，在这一点上来讲，厚抹灰复合外模板技术体系不属于真正意义上的夹芯保温构造，其保温层外侧即使不燃防护层厚度可做到不低于50mm，但依然不能称之为"外叶墙"，只能算是厚抹灰施工工艺组成的外侧防护构造层。至于其是否符合现行国家标准《建筑设计防火规范（2018年版）》（GB 50016—2014）第6.7.3条的防火构造要求，目前也存在诸多争议，这是我们应该正视而不应忽略或者偷换概念的一点，也是本书需要加以强调和值得注意的一个方面。也就是说，本书认为，外墙夹芯保温技术应该是一个整体性参与协调工作的复合墙体构造，而不是基层墙体通过内保温或外保温简单构造而形成的附属性复合墙体。比如现行山东省地方标准《非承重砌块墙体自保温系统材料》（DB37/T 2649—2015）中根据原材料种类列述了自保温混凝土复合砌块、自保温烧结复合砌块和自保温发泡混凝土（复合）砌块，同时对其自保温砌块的外壁不燃材料做出不小于 20mm 厚度的要求，其目的是在满足节能要求的基础上解决自保温砌块墙体的防火应用问题。但这种防火体系构造与前面讲到的厚抹灰保温外模板技术类似，是否满足《建筑设计防火规范（2018 年版）》（GB 50016—2014）第 6.7.3 条的防火构造要求尚待商榷。此外，从其构造特征来讲，尽管似乎外观上是"三明治"构造方式，但是并不属于本节要重点讲述的"外墙夹芯保温技术"。因此，本节所述的外墙夹芯保温技术主要是指现行国家标准《砌体结构设计规范》（GB 50003—2011）中的"夹心墙"构造、CL 网架保温板现浇墙体类"夹心墙"构造和能够实现整体受力变形的"夹心墙"构造体系如装配式轻钢骨架复合保温墙体等，这也是现阶段很多类建筑保温与结构一体化技术的雏形[13-14]。

1. 发展背景及应用现状

由于节能第一阶段以内保温技术为主，第二和第三节能发展阶段以外保温技术为主，但面临更多的保温技术难题和应用弊端，尤其是外保温层的脱落、空鼓、开裂、渗漏，可谓是建筑外墙薄抹灰系统的不治之症。先不说其使用年限和耐久性问题，外墙夹芯保温系统会或多或少、不同程度地出现各种质量问题，即使没有发生较大的质量问题，也会小毛病不断，成为业内非常头疼的难题，以至于现今人们一提起外墙薄抹灰技术，不是抱怨就是一味抵制乃至限制其应用发展，比如在建筑节能工作开展力度较大的山东地区，早在 2012 年就倡导建筑节能与结构一体化技术应用，有的地市更是强制执行该类一体化技术应用，直到现在。当然这里所谓"一体化技术"不等同于外墙夹芯保温技术，但外墙夹芯保温技术的发展也正是在 20 世纪末和 21 世纪初基于墙体保温节能需要而诞生和应用发展的。

2. 主要技术特点

外墙夹芯保温技术属于建筑保温与结构一体化技术，无论是砌筑类砌体材料夹心墙体、现浇类钢丝网架保温板夹心墙体，还是预制装配式轻钢骨架复合保温夹心墙体，它们的共同应用特点和技术特征都是"三明治"构造方式的夹芯保温复合墙体构造，且无论是作为承重类墙体（如砌筑方式的砌体材料夹心墙体和现浇方式的钢丝网架保温板夹心墙体），还是非承重类预制装配式的轻钢骨架复合保温夹心墙体，其复合墙体不是孤立的承重部分和配套部分，而是作为共同形成的具有一致参与受力和协调变形的共同体构件使用，要么复合墙体整体性作为承重结构构件，要么复合墙体整体性作为非承重非结构构件，总之都要作为墙体构件使用。

（1）复合砌体类夹心墙

复合砌体类夹心墙体是由砌体内叶墙、保温层和砌体外叶墙以及辅助拉结件等共同组成的复合保温墙体。鉴于该类复合墙体外叶墙处于环境恶劣的室外，如采用低强度砌体材料，易因劣化、脱落而引起毁物伤人事故，因此需要对外叶墙砌体材料做出较高的强度要求，砌体砖或混凝土砌块的强度等级不应低于 MU10。同时现行国家标准《砌体结构设计规范》（GB 50003—2011）对其夹心墙的有效面积、高厚比验算时的有效厚度计算、外叶墙的最大横向支承间距等都做了相关规定要求。该类技术主要应用在多层砌体结构房屋的承重外墙或者自承重填充外墙，尤其是对具有抗震设防要求的夹心墙提出拉结件采用通长焊接钢筋网的要求。

（2）现浇墙体类钢丝网架保温板夹心墙

这类保温技术的特点是，内、外叶墙均采用钢筋混凝土材料，同时为增加保温层与两侧钢筋混凝土墙体的拉结锚固，采用斜腹丝钢丝网架穿插保温板方式与两侧现浇墙体复合在一起，共同组成复合墙体保温构造。在结构设计中，一般不考虑外侧 50mm 厚辅墙的刚度作用和贡献，仅考虑其自重而作为内部现浇基层墙体的辅助配套材料。现阶段工程应用较多的是 CL 钢丝网架保温板现浇墙体自保温系统和 IPS 钢丝网架保温板现浇墙体自保温系统等。同时，根据墙体承重受力状态的不同，其非承重外填充墙体也可采用两侧都是 50mm 厚现浇混凝土材料的钢丝网架保温板夹心墙[15]。

（3）装配式轻钢骨架复合保温墙体

该类保温技术的特点是，保温系统与非承重墙体作为一个非结构构件使用，无须另行对非承重外墙板采取保温隔热措施，墙板本身就可以作为自保温外围护构件使用，但是由于墙体内部复合了保温材料以提高其保温隔热性能，也同样采用了所谓的"三明治"式夹芯保温构造。为实现其墙板轻质高强性能，往往需要对保温层内、外两侧的不燃防护层材料提出一定的性能要求，同时采用钢骨架作为承受自重、风荷载和地震作用的受力结构体，其他材料作为墙体组成部分的填充体，采用适当的连接技术以实现装配式施工的需要。

3. 应用优势

（1）夹芯复合墙体属于建筑保温与结构一体化技术。

现行国家标准《建筑节能基本术语标准》（GB/T 51140—2015）第 3.1.7 对"保温结构一体化"的定义是"保温层与建筑结构同步施工完成的构造技术"[16]。因此，对于其技术特征的准确描述宜为"集建筑保温与墙体围护功能于一体，能够实现保温层与建筑结构同步施工完成的构造技术"。因此，夹芯复合墙体可以实现同步设计、施工和验收。

（2）夹芯复合墙体作为整体性建筑外墙体构件使用。

无论夹芯复合墙体是作为承重墙建筑构件使用，还是作为非承重墙体建筑构件使用，作为整体性工作的复合墙体，虽然为"三明治"夹芯构造，其保温层、外叶墙和内叶墙共同协调受力和变形，而不是孤立的分层构造，仍然是作为一个建筑构件使用，而不能像外保温技术或者内保温技术一样保温系统与基层墙体构件分开，这是一个最值得注意的地方。因此，夹芯复合墙体作为整体性建筑外墙体构件使用时，包括保温层和外防护层在内的墙体构件受力和变形应该协调保持一致。

同时，也正是因为过去的建筑外保温技术、内保温技术仅仅是强调保温系统，而没有实质性地考虑基层墙体与保温系统的协调受力和变形，实际工程应用中并没有实现现行构件行业标准《外墙外保温工程技术规程》（JGJ 144—2004）第 3 章"基本规定"的一些原则性要求；同时标准条款中的相关内容在理论规定上貌似可行合理，但实际工程应用中往往脱节，尤其条文说明第 3.0.1～3.0.8 条关于耐力学性能和稳定性、使用安全性方面，业内工程应用的实际情况确实堪忧。在"基本要求 4：使用安全性"上 JGJ 144—2004 也明确指出，复合的外保温系统不作为承重构件使用，在由自重、温度、湿度、收缩及主体结构位移、风力等引起的联合应力作用下应保持稳定，即保温系统在自重作用下不产生有害变形、能抵抗由于温度和应力引起的变形、在风荷载作用下具有足够安全性[8]。但事实上对于外墙外保温技术，最难以实现的是基层墙体与辅设保温系统之间的受力协调统一。

（3）夹芯复合墙体可实现预制化生产和装配式施工，利于解决装配式建筑外围护体系技术应用瓶颈和难题。

正因为夹芯复合墙体具有作为这一墙体构件使用的技术和应用特点，才使得目前的很多装配式建筑"三板体系"中的外围护结构体系一直止步不前或者成熟完善的技术体系乏善可陈。究其原因，外围护结构体系不仅需要构件外围护，还需要保温节能和热工设计，并且离不开构件受力和变形的协调一致，这就需要建筑材料、建筑设计、结构设计、建筑施工生产等专业工种一起配合参与研发才有可能解决这一问题。因此，要解决装配式建筑的外墙体系，就需要从这点出发，无其他技术捷径和可行性方案可循。

4. 存在的问题

即使从以上分析可以看出夹芯复合墙体的技术应用优势，但是作为建筑外围护体系使用，其工程应用的技术完善性和成熟度仍需要考虑内外装饰面层、墙体间拼缝、与主体结构的可靠连接和变形协调以及长期耐久使用安全性等实际问题。只有这样，才能解决目前建筑保温系统中的外围护体系技术应用瓶颈和工程质量弊端。

1.5　外墙保温技术工程应用规律性特征总结和可行性发展策略建议

本书不同于其他著述，旨在通过系统性的技术特点来清晰反映不同保温系统的优缺点和适用性、实用性以及经济合理性。尽管我们对各类保温技术比较了解，但未必对其技术来源和发展背景了如指掌，也未必清晰准确地知道其来龙去脉，这对于研究外墙保温技术工程应用和发展对策是远远不够的。因此著者本着追根溯源的态度由浅入深、逐步剖析过渡式地根据现行国家标准、行业标准和地方工程建设标准等相关规定要求，对各类技术进行了系统性的区分、鉴别和实用性分析、对比及归纳总结，目的就是在清晰指明各类技术特征的同时，了解不同阶段的技术发展规律和特征，在大量的工程技术实例中进行重新分类和归纳、总结，从而得出规律性的、能够指导工程发展应用的策略性建议和方向，这才是本书著述的目的所在，也是本书的最主要出发点和本意所在。同时根据著者目前已经掌握的大量成熟可靠的技术类型和规律性应用特点，试图与读者们一起探索找出根治目前外墙保温技术弊病的良药，真正做到外墙保温技术最基本的应用原则，那就是"技术先进、安全适用、经济合理和确保质量"，而不能纸上谈兵，追求标新立异，一味制定不合理的政策乃至误导整个行业的进步和发展，最终误国误民，成为时代发展和历史的罪人。

1.5.1　外墙保温技术应用类型新划分

从目前国内外墙保温技术应用的特征，结合现行国家、行业和各省地方标准等，对现阶段各类技术类型进行重新划分和归纳梳理。主要外墙保温技术应用类型新划分情况见表1.1。

表 1.1 外墙保温技术主要应用类型

技术类型	保温系统分类		主要施工工艺特征	保温层材料
外墙内保温技术	内粘贴保温板无空腔复合墙体内保温系统		粘锚结合方式	匀质有机保温材料（如 EPS 板、XPS 板、PU 板等）
				匀质无机保温材料（如无机轻集料保温板材、发泡水泥板、泡沫玻璃板等）
				内保温复合板（包括增强水泥聚苯板、增强石膏聚苯保温板、聚苯物水泥聚苯板、发泡水泥聚苯保温板、水泥聚苯颗粒保温板等）
	内抹保温浆料无空腔复合墙体内保温系统		现场湿作业分层抹平方式	保温浆料（包括胶粉聚苯颗粒保温浆料、玻化微珠保温浆料或无机轻集料保温浆料等）
	内喷涂硬泡聚氨酯无空腔复合墙体内保温系统		现场喷涂方式	喷涂硬泡聚氨酯
	龙骨机械固定保温层复合墙体内保温系统		龙骨机械固定方式	玻璃棉板、岩棉板或喷涂硬泡聚氨酯板
外墙外保温技术	粘锚保温板（或保温装饰板）外保温系统	粘锚保温板薄抹灰外保温系统	粘锚式薄抹灰方式	保温板（各类匀质有机、无机保温板及复合保温板）
		粘锚保温装饰板外保温系统	粘锚挂接方式	保温装饰板（带有装饰面板的保温板）
	钢模内置保温现浇现浇钢模外保温系统（简称钢模现浇外保温系统）	保温板现浇混凝土外墙外保温无网现浇系统（简称无网现浇系统）	钢模内置无网保温板复合现浇墙体薄抹灰工艺	水平向开槽 EPS 板
		保温板钢丝网架现浇混凝土外墙外保温厚抹灰现浇系统（简称有网现浇系统）	钢模内置有网保温板复合现浇墙体厚抹灰工艺	挑头式单面钢丝网架保温板（EPS 板、XPS 板或 PU 板等）
	机械固定钢丝网架复合板外墙外保温系统（简称机械固定系统）		机械固定非挑头单面钢丝网架复合保温板施工方式	非挑头式单面钢丝网架复合保温板（EPS 板、XPS 板或 PU 板等）
	外喷涂聚氨酯硬泡薄抹灰外保温系统		现喷涂聚氨酯硬泡薄抹灰施工方式	现喷硬泡聚氨酯板
	浆料复合保温板外保温系统（简称浆料外保温系统）	单一浆料保温系统	现场湿作业分层抹平方式	保温浆料（包括胶粉聚苯颗粒保温浆料、玻化微珠保温浆料或无机轻集料保温浆料等）
		粘贴保温板复合浆料厚抹灰保温系统	粘贴保温板复合浆料厚抹灰方式	保温浆料＋保温板（EPS 板、XPS 板或 PU 板等）

续表

技术类型	保温系统分类		主要施工工艺特征	保温层材料
外墙外保温技术	浆料复合保温板外保温系统（简称浆料复合保温系统）	贴砌保温板复合浆料厚抹灰保温系统	贴砌保温板复合浆料厚抹灰方式	保温浆料＋保温板（EPS 板、XPS 板或 PU 板等）
		无网保温板复合浆料现浇墙体厚抹灰保温系统	无网保温板复合浆料现浇方式	保温浆料＋无网保温板（EPS 板、XPS 板或 PU 板等）
		有网保温板复合浆料现浇墙体厚抹灰保温系统	有网保温板复合浆料现浇方式	保温浆料＋挑头式单面钢丝网架保温板（EPS 板、XPS 板或 PU 板等）
		现场喷涂聚氨酯复合浆料厚抹灰保温系统	现场喷涂聚氨酯复合浆料厚抹灰方式	保温浆料＋现喷硬泡聚氨酯板
	保温层复合幕墙保温系统	粘锚保温层复合幕墙保温系统	机械固定幕墙复合粘锚式保温板工艺	保温板（各类匀质有机、无机保温板及复合保温板）
		喷涂保温层复合幕墙保温系统	机械固定幕墙复合现喷硬泡聚氨酯板或无机纤维喷涂	现喷硬泡聚氨酯板或无机纤维喷涂
		机械固定保温层复合幕墙保温系统	机械固定保温层复合幕墙方式	岩棉板或现喷玻璃棉板
		自保温墙体复合幕墙保温系统	自保温墙体复合幕墙方式	各类承重及非重类自承重复合墙体
外墙夹芯保温技术	复合砌体类夹心墙		外叶墙、内叶墙采用拉结件复合保温层	保温板（各类匀质有机保温板）
	现浇墙体类钢丝网架保温板夹心墙		外叶墙、内叶墙采用钢丝网架复合保温层	保温板（各类匀质有机保温板）
	装配式轻钢骨架复合保温墙体		外叶墙、内叶墙及保温层采用预制方式复合保温层并进行装配化施工方式	保温板（各类匀质有机、无机保温板及复合保温板）

1.5.2 外墙保温技术应用规律性特征总结

尽管目前国内外对各类外墙保温技术进行了各方面的综合研究和应用，但是国内鲜有研究人员对其技术特征和发展方向进行规律性总结和给出相应的方向性发展建议。尤其是最近几年来，随着全国各地尤其是北方寒冷地区建筑节能率的不断提升，如零能耗建筑、近零能耗建筑、被动式房屋等的不断推广应用，防火和节能设计的矛盾日益凸显，因此有必要对我国现阶段采用的所有技术类型进行重新划分和进行规律性探索研究，以期找到解决外墙保温技术弊端的良方。我国现阶段的外墙保温技术应用规律性特征主要表现在以下几个方面：

（1）外墙保温技术由单一 EPS 板薄抹灰外保温技术向多元化技术方向发展。

从国内外建筑外墙保温技术发展应用背景及历程来看，建筑外墙保温技术从单一 EPS 板薄抹灰外保温技术向多元化技术（如岩棉板外保温技术和幕墙保温技术等）方向发展。从国内建筑节能工作发展阶段来看，建筑外墙保温技术由 20 世纪 80 年代初第一节能阶段的内保温技术为主向第二、三节能阶段的外墙外保温技术为主，其他保温技术为辅的方向发展。现阶段寒冷地区和严寒地区建筑墙体节能技术在第二、三节能阶段外墙外保温技术基础上，日益发展出各类适应我国气候特征和地域特点的新技术新体系，如建筑保温与结构一体化技术等。

（2）现阶段我国建筑外墙保温技术主要以内保温、外保温和夹芯保温三大类型的复合墙体保温技术为主，而单一匀质墙体材料类自保温技术因产品生产存在问题而应用较少。

从国内建筑外墙内保温技术应用特点和发展规律来看，现阶段主要包括粘锚保温板、湿抹保温浆料、现喷聚氨酯（或无机纤维喷涂）和机械锚固保温层等技术类型；从国内建筑外墙外保温技术应用特点和发展规律来看，现阶段主要包括粘锚保温板（或保温装饰板）外保温系统、钢模内置保温板现浇外保温系统、机械固定钢丝网架复合板外墙外保温系统、外喷涂聚氨酯薄抹灰外保温系统、浆料复合保温板外保温系统、保温层复合幕墙保温系统等技术类型；从国内建筑外墙夹芯保温技术应用特点和发展规律来看，现阶段主要包括复合砌体类夹心墙、现浇墙体类钢丝网架保温板夹心墙、装配式轻钢骨架复合保温墙体等技术类型。因此，现阶段我国建筑外墙保温技术主要以内保温、外保温和夹芯保温三大类型的复合墙体保温技术为主。

而现阶段对于单一匀质墙体材料类自保温技术如利用花岗岩磨削废料、金矿选矿尾矿粉、陶瓷瓷砖抛光废料瓷粉类工业固体废弃物生产制作蒸压加气混凝土制品，无论是自保温砌体还是自保温墙板，虽然可以做到资源化合理利用并保护环境，但生产实践和使用结果证明，它们都不宜用来生产蒸压加气混凝土制品，应该在工程应用中慎重选用。这主要是由于瓷粉（CF）中含有高达 70% ~ 75% 的 SiO_2 和 15% 的 Al_2O_3，又经过高温煅烧，具有较好的火山灰活性。尽管从这些表面性的指标看，瓷粉可以作为硅质材料用于蒸压加气混凝土生产，并经过实验室研究、工业性实验及工业生产，其结果表明也可以获得较高的抗压强度，但是在其生产中必须加入一定数量的长石（含有较高含量的 Na_2O、K_2O）作为熔剂，由于 Na_2O、K_2O 在加气混凝土生产过程中与其他

原料中的 SO_4^{2-} 在坯体成型和蒸压养护过程中生成 Na_2SO_4 和 K_2SO_4，产品出釜后和使用时产生严重的盐析（长毛）。更有甚者，在蒸压加气混凝土生产中，为了改善坯体成型和蒸压养护效果，在利用瓷粉作为原料的过程中还特意加入硅酸钠（水玻璃）和芒硝，无形中加重了盐析危害（图1.21）。因此，原国家建筑材料工业局科技司副司长、原中国加气混凝土协会副会长、中国硅酸盐协会房屋建筑材料委员会名誉理事长陶有生在《墙材革新与建筑节能》发表论文"利用工业固体废弃物生产蒸压加气混凝土制品应注意的问题"明确强调，生产实践和使用结果证明，陶瓷瓷砖抛光废料瓷粉不宜用来生产蒸压加气混凝土制品，在寒冷及严寒地区外墙自保温技术工程应用中应慎重选用[17]。这也是现阶段单一匀质墙体材料类自保温技术应用较少的原因所在。

图 1.21　瓷粉（CF）生产的蒸压加气混凝土制品盐析情况

（3）原钢模内置 EPS 保温板现浇外保温系统逐步向目前推广应用的复合保温模板现浇外墙体类建筑保温结构与一体化技术方向发展。

钢模内置保温板现浇外保温系统源自现行国家行业标准《外墙外保温工程技术规程》（JGJ 144—2004），包括保温板现浇混凝土外墙外保温薄抹灰系统（简称无网现浇系统）和保温板钢丝网架板现浇混凝土外墙外保温厚抹灰系统（简称有网现浇系统）。比较两者可以看出，除了对于保温层均采用 EPS 板并进行界面处理外，前者采用 EPS 板薄抹灰工艺，后者采用单面钢丝网架 EPS 板厚抹灰工艺，这主要取决于 EPS 板外表面的平整度，尽管前者仅仅内置 EPS 板，但难免施工过程中 EPS 板移位和错动以及板本身变形等因素扰动，需要局部采取抹灰找平处理，而 EPS 板外侧单面钢丝网的存在使得必须采用厚抹灰施工工艺，这是"无网现浇系统"与"有网现浇系统"的主要区别。但两者的共同点在于均采用钢制大模板施工并内置 EPS 板保温层后再现浇混凝土墙体。

鉴于 EPS 板本身的抗压强度即压缩性能较低，其形变 10% 时的压缩性能仅为 0.10MPa，远低于 XPS 板的 0.20MPa，但 EPS 板的粘结性能要优于 XPS 板，因此作为钢模内置保温层来使用是安全可靠没有问题的。为进一步节省成本和减少工艺，可将保温层由 EPS 板改进为抗压性能更好的 XPS 板，同时为利用其抗折和抗压强度，并可进一步改进为 XPS 复合保温模板，也就是现在经常采用的 FS 类复合保温外模板类一体化技术。这样的话，对于现浇墙体，在施工时因取消了墙体外侧钢制大模板而采用更轻质、经济的复合保温外模板，使得该技术在北方寒冷地区尤其是山东、河北等地区工程应用相当广泛。并且随着保温材料的发展，复合保温模板也由最初使用广泛的 XPS 板逐步推广应用至 PU 板、PF 板和石墨挤塑型聚苯板（SXPS 板），同时继续沿用"有网现浇系统"中的厚抹灰技术工艺来处理复合保温模板因立模引起的板面平整度偏差问题。在技术特征上，现有复合保温外模板类现浇墙体技术体系依然采用有网或无网方式的保温板作为主要保温层和芯材材料。但无论是原钢模内置 EPS 保温板现浇外保温系统还是现阶段升级改进的复合保温模板现浇外墙体自保温系统，在施工工艺和技术特征上，它们均可实现保温层和基层同步设计、施工和验收，都符合现行国家标准《建筑节能基本术语标准》（GB/T 51140—2015）第 3.1.7 条对"保温结构一体化"的定义是"保温层与建筑结构同步施工完成的构造技术"的技术规定和要求，因此都属于建筑保温结构与一体化技术，只不过在 2004 年左右还没有关于"保温结构一体化"的相关定义。

（4）从保温层构造方式来看，建筑外墙保温系统的保温层由单一保温材料向分层构造复合方式及立体复合构造方式过渡发展；从保温层与基层墙体的连接方式来看，由粘锚结合固定方式向机械固定方式过渡发展。

由外墙外保温薄抹灰技术构造可看出，最初的保温系统保温层仅由 EPS 板本身构成，后来在钢模内置无网 EPS 板保温系统中开始增加 EPS 板保温层的内外侧界面处理，随后发展为如 XPS 板、PU 板等六面复合界面层的使用方式；同时，为适应现浇墙体自保温系统的应用发展，逐步过渡为无机浆料双面或单面复合有机保温板材作为保温层。而这种分离式分层构造复合形式易造成不同材料间的剥离脱开，进而使得立体网架复合保温层的构造方式越来越多，目的无非是增强保温层的抗压、抗折能力和整体工作性能，加强复合保温层与基层墙体间的可靠连接。与此同时，保温层与基层墙体的连接方式也随之演变发展，如最初单一材料的保温板仅采用粘贴锚固或者辅以锚栓采用粘锚结合工艺予以固定，逐步过渡为机械固定连接，如采用专用锚栓（岩棉保温系统）、连接件和专用机械装置（机械固定钢丝网架复合板外墙外保温系统）等，这样使得保温层与基层墙体间的受力形式更为明确。因此，从保温层构造方式来看，建筑外墙保温系统的保温层由单一保温材料向分层构造复合及立体复合构造过渡发展；从保温层与基层墙体的连接方式来看，由粘锚结合固定方式向机械固定方式过渡发展。

（5）从建筑保温系统的生产施工方式来看，湿作业式现场作业逐步向工厂预制化生产和现场装配式施工方向发展应用。

其实不管外保温、内保温还是夹芯保温技术，其生产和施工基本上是以现场粘贴锚固保温板而后湿作业找平抹面处理为主，但随着建筑工业化程度的提高和装配式构件的应用发展，复合保温外模板类的技术可以实现其保温产品在工厂的预制化生产。而对于利用夹芯保温技术（如轻钢骨架复合保温层预制墙板）或者采用无机材料复合预制的自保温外墙板技术（如复合岩棉等无机保温层预制复合墙板等），可以完全适应工厂化预制生产和现场装配式安装施工的技术要求而无须烦琐不易控制的现场湿作业施工，也有利于环境保护和节约劳动力成本。

1.5.3　外墙保温技术可行性发展应用策略建议

通过以上各类外墙保温技术类型特征的对比分析，基于寒冷和严寒地区高节能率设计和防火要求条件下，现阶段适宜民用建筑的外墙保温技术发展应用的可行性策略建议如下：

（1）无论内保温、外保温还是夹芯保温技术或者匀质材料自保温墙体技术，建议复合保温外墙厚度一般宜控制在 180~260mm 范围，基层墙体宜选用轻质高强、蓄热性能好、热惰性大和低导热系数的新型墙体材料，并与轻质高效保温材料共同组成复合保温墙体构造，其复合墙体热阻值一般不宜低于 2.8（m^2·K）/W。

（2）从安全性耐久性方面考虑，建议适宜寒冷和严寒地区的建筑外墙保温层厚度不宜大于 60mm，匀质保温材料的导热系数或非匀质复合保温材料的当量导热系数均不宜大于 0.040W/（m·K），其保温材料的燃烧性能等级不应低于 B_1 级。但不应忽视 B 级保温材料在防火设计时的适用性和安全性，密度大于 100kg/m^3 和导热系数高于 0.050W/（m·K）的 A 级保温材料现阶段工程应用优势不大。

（4）从原材料应用方面，建议外墙保温技术注重向固体废弃物（如农作物秸秆）等循环利用方面过渡发展，但现阶段同时满足寒冷及严寒地区节能和防火设计要求且成熟完善的技术体系甚少。

（5）从适用范围方面，建议其应用领域由多、高层居住建筑和公共建筑等民用建筑类型逐步向工业建筑和各类村镇建筑类型拓展。

（6）从施工工艺方面，建议在原有保温系统中粘锚结合工艺、无网和有网现浇工艺以及机械锚固工艺基础之上，进一步优化和明晰因建筑热工设计需要所辅设的保温系统与基层墙体的构件受力模型的关系，以提高施工效率和确保工程质量安全适用为基本原则。

参考文献

［1］清华大学建筑节能研究中心．中国建筑金年度发展研究报告 2016［M］．北京：中国建筑工业出版社，2016.

［2］刘家昌，朱传晟，陈一全．建筑墙体保温技术及工程应用［M］．北京：中国建筑工业出版社，2016.

［3］北京建筑节能与环境工程协会，住房和城乡建设部科技与产业化发展中心，等．外保温技术理论与应用［M］．北京：中国建筑工业出版社，2015.

［4］中华人民共和国建设部．外墙内保温板：JG/T 159—2004［S］．北京：中国标准出版社，2004.

［5］中华人民共和国国家质量监督检验检疫总局，中国国家标准化管理委员会．外墙内保温复合板系统：GB/T 30593—2014［S］．北京：中国标准出版社，2014.

［6］中华人民共和国住房和城乡建设部．外墙内保温工程技术规程：JGJ/T 261—2011［S］．北京：中国建筑工业出版社，2011.

［7］中华人民共和国住房和城乡建设部．外墙内保温建筑构造：11J122［S］．北京：中国建筑标准设计研究院，2011.

［8］中华人民共和国建设部．外墙外保温工程技术规程：JGJ 144—2004［S］．北京：中国建筑工业出版社，2005.

［9］山东省住房和城乡建设厅．外墙外保温应用技术规程（胶粉聚苯颗粒浆料复合型外墙外保温系统）：DBJ/T 14—099—2013［S］．2013.

［10］山东省住房和城乡建设厅，山东省质量技术监督局．低能耗建筑外墙粘贴复合防火保温体系应用技术规程：DB37/T 5071—2016［S］．北京：中国建材工业出版社，2017：85-90.

［11］山东省住房和城乡建设厅，山东省质量技术监督局．非透明幕墙建筑保温工程技术规程：DB37/T 5023—2014［S］．北京：中国建筑工业出版社，2014.

［12］中华人民共和国住房和城乡建设部．民用建筑热工设计规范：GB 50176—2016［S］．北京：中国建筑工业出版社，2017.

［13］山东省质量技术监督局．非承重砌块墙体自保温系统材料：DB37/T 2649—2015［S］．2015.

［14］中华人民共和国住房和城乡建设部．砌体结构设计规范：GB 50003—2011［S］．北京：中国计划出版社，2012.

［15］山东省住房和城乡建设厅．CL建筑体系技术规程：DBJ/T 14—043—2012［S］．2012.

［16］中华人民共和国住房和城乡建设部．建筑节能基本术语标准：GB/T 51140—2015［S］．北京：中国建筑工业出版社，2016.

［17］陶有生．利用工业固体废弃物生产蒸压加气混凝土制品应注意的问题［J］．墙材革新与建筑节能，2018（02）：30-32.

第2章 设计使用年限的概念及相关规定

2.1 使用年限、设计基准期与设计使用年限

2.1.1 使用年限

建筑物的"使用年限"这个术语，目前在设计规范中并没有定义，只是个口语化的通俗性概念，等同于"使用寿命"但不同于"设计使用寿命"。"设计使用寿命"是"设计规定的一个时期"，而不是工程实际的使用寿命，尽管这对于非专业人士而言有些绕口或难以理解，但对于从事建筑相关专业的人员而言，这并不难区分和理解。目前我国住宅建筑的产权为70年，可以理解为住宅建筑的实际"使用寿命"或者"使用年限"是完全满足不低于70年要求的，可是对于住宅建筑而言，其在设计文件或者验收备案资料中的"设计使用年限"是50年，两者并不矛盾。

2.1.2 设计基准期

原国家标准《建筑结构可靠度设计统一标准》（GB 50068—2001）对"设计基准期"定义为"为确定可变荷载作用及与时间有关的材料性能等取值而选用的时间参数"，但同时明确它不等同于建筑结构的"设计使用年限"，也就是说它是反映该段时间内最大荷载的概率分布及相应统计参数的时间参数。对于民用建筑结构，其所考虑的荷载统计参数都是按"设计基准期"为50年确定的[1]。

同样，最新修订的国家标准《建筑结构可靠性设计统一标准》（GB 50068—2018）将其定义为"为确定可变作用等取值而选用的时间参数"，可谓更加简洁扼要和明确，直接指出新旧标准中"设计基准期"的目的区别，原标准 GB 50068—2001 中的设计基准期。一是用于可靠指标 β，指设计基准期的 β，二是用于可变作用的取值；而现行标准 GB 50068—2018 中的"设计基准期"只用于可变作用的取值。因此修订后"设计基准期"仅仅是"为确定可变作用等取值而选用的时间参数"，而不再与设计基准期的可靠指标 β 有关，这是值得注意的地方[2]。

同时，最新修订的国家标准《建筑结构可靠性设计统一标准》（GB 50068—2018）明确规定了房屋建筑结构的设计基准期取值为50年，并且指明房屋建筑结构的荷载统计参数是按设计基准期50年确定的。因此，GB 50068—2018 中明确"设计基准期"，是为确定可变作用的取值而规定的标准时段，在房屋建筑结构取值为50年，并且指明它不等同于结构的"设计使用年限"。也就是说，"设计基准期"是反映其规定的标准时段内最大作用的概率分布及其统计参数的时间参数。当然，它更不等同于"使用年

限"和"设计使用年限",而是结构设计的基础,更是"为确定可变作用等取值而选用的时间参数"。只有明确了"设计基准期",才能够根据建筑主体结构、结构构件使用功能和性质确定其合理的"设计使用年限"。

2.1.3 设计使用年限

(1)区分"设计使用年限""使用年限""合理使用年限"及"使用寿命"的概念

2000年第279号国务院令颁布《建设工程质量管理条例》,对基础设施工程、房屋建筑的地基基础工程和主体结构工程的最低保修期限即设计文件规定的该工程的"合理使用年限"进行了规定,这与1998年国际标准《结构可靠性总原则》(ISO 2394:1998)提出的"设计工作年限(design working life)"含义相当。

在原国家标准《建筑结构可靠度设计统一标准》(GB 50068—2001)中,将"合理使用年限"与"设计工作年限"统一称为"设计使用年限",并规定建筑结构在超过设计使用年限后,应进行可靠性评估,根据评估结果,采取相应措施,并重新界定其使用年限。设计使用年限(design working life)在国家标准《建筑结构可靠度设计统一标准》(GB 50068—2001)中的定义为:"设计规定的结构或结构构件不需进行大修即可按其预定目的使用的时期。"也就是说,"设计使用年限"是"设计规定的一个时期",在"这一规定的时期"内,只需要进行正常的维护而不需进行大修就能按预期目的使用,完成预定的功能,即房屋建筑在正常设计、正常施工、正常使用和维护下所应达到的使用年限,如达不到这个年限则意味着在设计、施工、使用与维护的某个环节上出现了非正常情况,此时应该另行查找原因。同时也要注意,所谓"正常维护",包括必要的检测、防护和维修。也就是说,《建筑结构可靠度设计统一标准》(GB 50068—2001)中的"设计使用年限",即便同样是在"正确使用和正常维护"条件下,无论对于主体结构或组成结构的建筑构件而言,它也绝不等同于普通所指的"使用年限"或"使用寿命",而是主体结构或组成结构的建筑构件"合理使用年限"的具体化,即"设计规定的一个时期",而不是工程实际的"使用年限"或"使用寿命"。这是设计工程师在进行建筑施工图和结构施工图设计时必须明晰掌握的最基本概念,而不能有半点马虎。

(2)GB 50068新旧版本关于"设计使用年限"的明确规定

最新修订的国家标准《建筑结构可靠性设计统一标准》(GB 50068—2018)已于2019年4月1日开始实施,将2001版《建筑结构可靠度设计统一标准》(GB 50068)修改为"《建筑结构可靠性设计统一标准》",即"可靠度"改为"可靠性",同时第3.3.2条"建筑结构设计时,应规定结构的设计使用年限"为强制性条文,必须严格执行,这是与原标准最大的不同之处,且在第3.3.2的条文说明中明确指出"本条为强制性条文。设计文件中需要标明结构的设计使用年限,而无须标明结构的设计基准期、耐久年限、寿命等",这与《工程结构可靠性设计统一标准》(GB 50153—2008)关于"设计使用年限"的规定完全一致。GB 50068—2001将第1.0.5条"结构的设计使用年限"列为强制性条文,而GB 50068—2018则明确规定应在设计文件中规定结构的设计使用年限,两者是有区别的。这里对于两个版本的标准不做具体性区别和解释,主要目的在于让读者明晰"设计使用年限"的概念和重要性,且新修订的GB 50068—2018非常明确地指出了"设计使用年限"与"设计基准期""耐久年限"及"寿命"(即使用年限)概念的不同和区分,这是现阶段做保温工程的设计人员和生产、施工、验收人员必须注意的地方,也是本书再三强调的重点所在。

(3)国内外规范、标准对"设计使用年限"规定的比较

由《建筑结构可靠度设计统一标准》(GB 50068—2001)第 1.0.5 条文说明可知,"设计使用年限(design working life)"的概念是在国际标准《结构可靠度总原则》(ISO 2394:1998)上首次正式提出的,并给出了具体分类。正是基于此,我国在 2001 年修订规范时,提出了各种建筑结构的"设计使用年限",明确了"设计使用年限"是"设计规定的一个时期",也由此奠定了"设计使用年限"在结构设计中的重要地位和作用。《建筑结构可靠度设计统一标准》(GB 50068—2001)对结构设计使用年限的规定,2018 年修订时仅做个别文字调整。表 2.1 是欧洲规范《结构设计基础》(EN 1990:2002)给出的结构设计使用年限类别的示例,表 2.2 为 2018 年我国修订结构设计使用年限类别。可见,我国 GB 50068—2001 与欧洲 EN 1990:2002 在"设计使用年限"内容规定方面基本保持一致,这也体现了我国技术规范的严谨性和世界先进性。

表 2.1　欧洲规范《结构设计基础》(EN 1990:2002)结构设计使用年限类别示例[3]

类别	设计使用年限(年)	示例
1	10	临时性结构
2	10 ~ 25	可替换的结构构件
3	15 ~ 30	农业和类似结构
4	50	房屋结构和其他普通结构
5	100	标志性建筑的结构、桥梁和其他土木工程结构

表 2.2　我国 GB 50068—2018 规定的建筑结构设计使用年限

类别	设计使用年限(年)	示例
1	5	临时性建筑结构
2	25	易于替换的结构构件
3	50	普通房屋和构筑物
4	100	标志性建筑和特别重要的建筑结构

注:特殊建筑结构的设计使用年限可另行规定。

2.2　建筑保温工程的设计使用年限

2.2.1　行业标准《外墙外保温工程技术规程》规定的使用年限

目前,我国建筑保温工程相关标准规范缺少对"设计使用年限"的基本规定,工程实践中基本上是遵循了现行行业标准《外墙外保温工程技术规程》(JGJ 144—2004)

第 3.0.10 条 "在正常使用和正常维护的条件下，外墙外保温工程的使用年限不应少于 25 年"，其主要是依据 *External Thermal Insulation Composite Systems with Rendering*（EOTA ETAG 004）做出的，而且不是强制性条文，相反在第 4 章 "性能要求" 中增加了很多关于保温系统材料物理力学性能指标的强制性条款，这是令本书著者费解的地方[4]。

我国早在《建筑结构可靠度设计统一标准》（GB 50068—2001）中非常明确地提出了 "设计使用年限" 的规定。随着我国建筑节能工作的不断推进开展和建筑节能标准在各省份的陆续强制性实施，同时伴随着我国基础建设规模的扩大，各类建筑保温技术日新月异应用发展，但也随之出现了各种外墙保温工程带来的工程质量问题和安全隐患，如外墙保温层脱落、墙皮空鼓、开裂以及渗水等。究其原因，除了材料本身原因以及施工质量原因外，本书认为最主要的还在于没有将建筑保温工程设计纳入 "设计使用年限" 的设计内容，导致建筑保温工程成了游离在设计、材料生产和施工各方外的附属性构件。一般而言，发生保温工程质量事故后，难以鉴定各方责任，设计人员只负责建筑节能方面的热工设计，而保温层材料一般也是经过检测合格的产品，施工质量就成了关注的焦点，而鉴定结论却表现为施工质量也是完全按设计施工并没有偷工减料或者违规操作之处，最后的解决方案往往是息事宁人，采取措施将各方的不利影响降至最低，尤其是社会影响。可是无论是大风环境还是正常环境，保温工程墙体带来的空鼓、开裂、渗水和保温层脱落问题还是根治不了。因此本书著者根据十多年一线工程设计经验和保温系统材料应用实践基础，建议将建筑保温工程安全设计纳入建筑施工图和结构施工图设计范畴，建议修订现行《外墙外保温工程技术规程》（JGJ 144—2004），将 "使用年限" 修改为 "设计使用年限"，并根据我国自 20 世纪以来的外墙保温工程实践经验，给出明确的建筑保温工程 "设计使用年限"。这将改变目前建筑保温系统的构造和材料组成，也将建筑保温系统与基层墙体（无论基层墙体是承重用结构构件还是非承重用围护性非结构构件）采用 "可靠度" 设计理论来规范建筑保温工程的安全适用性和耐久性，如能实现，将是本书著者对我国建筑节能行业的一大贡献。届时，外墙保温系统构成的不同材料之间的粘结锚固和连接安全性将得到解决，杜绝了保温层脱落的工程质量安全隐患。

基于历史条件限制，我们不能苛求所有应用性规范和标准在具体工程应用上完美无缺。总而言之，本书著者认为，现行行业标准《外墙外保温工程技术规程》（JGJ 144—2004）第 3.0.10 条对于外墙外保温工程规定 "使用年限" 继续沿用 *External Thermal Insulation Composite Systems With Rendering*（EOTA ETAG 004）不低于 25 年的规定是不妥的，在术语和概念引用上也是不严谨的，应与国家标准《建筑结构可靠性设计统一标准》（GB 50068—2018）、《工程结构设计基本术语标准》（GB/T 50083—2014）、《工程结构可靠性设计统一标准》（GB 50153—2008）和《民用建筑设计统一标准》（GB 50352—2005）等设计规范保持一致[5-7]。

2.2.2 建筑保温工程的设计使用年限

（1）《工程结构可靠性设计统一标准》（GB 50153—2008）与《建筑结构可靠性设

计统一标准》（GB 50068—2018）关于建筑结构"设计使用年限"的规定

《工程结构可靠性设计统一标准》（GB 50153—2008）第3.3.1条规定，"工程结构设计时，应规定结构的设计使用年限"，即设计文件中应标明结构的"设计使用年限"，而无须标明"结构的设计基准期、耐久年限和寿命等"，且列为强制性条文。同样，原国家标准《建筑结构可靠度设计统一标准》（GB 50068—2001）也明确提出了"设计使用年限"的概念和应用，且列为强制性条文，在修订版国家标准《建筑结构可靠性设计统一标准》（GB 50068—2018）中关于"设计使用年限"的规定也与 GB 50153—2008 一致，即进行建筑结构设计时，应规定结构的"设计使用年限"。可以看出，在进行建筑保温工程设计时，均需在设计文件中明确标明其"设计使用年限"而不是"使用年限"或耐久年限和寿命等。

（2）非结构构件的"设计使用年限"

行业标准《非结构构件抗震设计规范》（JGJ 339—2015）将"非结构构件（non-structural components）"明确定义为"与结构相连的建筑构件、机电部件及其系统"，指出"建筑非结构构件（architectural non-structural components）"是"建筑中除承重骨架体系以外的固定构件和部件，主要包括非承重墙体、附着于楼屋面结构的构件、装饰构件和部件、固定于楼面的大型储物柜等。"JGJ 339—2015 第4.1.1条关于非结构构件抗震时指出，非结构构件一般指下列三类构件：①附属结构构件，如女儿墙、高低跨封墙、雨篷等；②装饰物，如贴面、顶棚、悬吊重物等；③围护墙和隔墙。这与国家标准《建筑抗震设计规范（2016年版）》（GB 50011—2010）关于"建筑非结构构件"的定义范围是一致的。同时《建筑抗震设计规范（2016年版）》（GB 50011—2010）第13.1.1条也指出，非结构构件抗震设计所涉及的设计领域较多，而规范仅主要涉及与主体结构设计有关的内容，即非结构构件与主体结构的连接件及锚固的抗震设计，同时也指出非结构构件（如墙板、幕墙、广告牌、机电设备等）自身的抗震以其不损坏为前提，在抗震规范中并未具体涉及[8-9]。

对于建筑幕墙作为非结构构件，国家标准《建筑幕墙》（GB/T 21086—2007）第5.2.1条明确规定了其设计使用年限不低于25年，也就是说，与《建筑结构可靠性设计统一标准》（GB 50068—2018）中"易于替换的结构构件"的设计使用年限至少是相当的[10]。可参考的是，国家标准《砌体结构设计规范》（GB 50003—2011）对于"框架填充墙"非结构构件，提到"在正常使用和正常维护条件下，填充墙的使用年限宜与主体结构相同，结构的安全等级可按二级考虑"，鉴于砌体结构设计使用年限与《建筑结构可靠性设计统一标准》（GB 50068—2018）保持一致，可以理解为作为框架填充墙的非结构构件，其"设计使用年限"宜为50年[11]。可见在非结构构件中，对于非承重外墙、非承重内墙（包括楼梯间隔墙、电梯间隔墙、天井隔墙、到顶防火隔墙、其他隔墙）、顶棚（包括防火顶棚、非防火顶棚）、连接件（包括墙体连接件、饰面连接件、防火顶棚连接件、非防火顶棚连接件）、高于2.4m储物柜（包括货架文件柜、文物柜）、附属构件（包括女儿墙或小烟囱、标志或广告牌、挑檐或雨篷等），目前都明确了其各自作为非结构构件的类别系数和功能级别。但唯独对建筑保温系统，却没有明确规定，这或许解释了现行行业标准《外墙外保温工程技术规程》（JGJ 144—2004）中

"在正常使用和正常维护的条件下，外墙外保温工程的使用年限不应少于 25 年"一直沿用至今而没有受到质疑的原因。正如现行国家标准《建筑设计防火规范（2018 年版）》（GB 50016—2014）一样，以前也没有提及建筑保温系统的防火应用问题，而随着建筑保温工程和建筑节能工作的日益重要，本书认为，将建筑保温系统（外保温或内保温）正式纳入非结构构件的设计应用范畴，将是今后设计规范修订的必要内容，也是本书非常值得关注的建议之一。

（3）建筑保温系统的"设计使用年限"

我们常用的附属与建筑基层墙体的外墙保温系统是否属于"建筑非结构构件"？这是一个关键的问题。其实建筑保温系统无论是墙体保温工程还是屋面保温工程，它们都是直接附于结构构件（如屋面、楼面或者承重墙体）的内外侧，或者直接附于非结构构件（如非承重墙体）的内外侧。那么，建筑保温系统是否属于"建筑非结构构件"？建筑保温工程是否应该规定其"设计使用年限"？还是依然按行业标准《外墙外保温工程技术规程》（JGJ 144—2004）继续规定其"使用年限"不低于 25 年？本书认为，建筑保温系统属于"建筑非结构构件"。鉴于目前关于其抗震性能研究较少，现行抗震规范并没有将其明确纳入抗震设计的范畴，但不代表它不是"建筑非结构构件"，这是我们在概念上首先应该予以明确的地方，这也与《建筑抗震设计规范（2016 年版）》（GB 50011—2010）第 13.1.1 条的条文说明相一致。同时本书建议建筑保温系统尤其是行业标准《外墙外保温工程技术规程》（JGJ 144—2004）所列的外保温系统作为现阶段节能建筑的主要外墙组成部分，应修订为"在正常使用和正常维护的条件下，外墙外保温工程的设计使用年限不应少于 25 年"，改用"设计使用年限"术语而不应沿用"使用年限"这个概念。也就是说，当建筑外保温系统的设计使用年限为 25 年时，其使用年限将不止 25 年。将其明确纳入建筑构件可靠度设计的范畴，增加了建筑保温工程的安全性和设计合法性，避免了一旦出现保温工程事故却面临设计无责任可究的局面。在某种程度上，外墙保温系统与基层墙体的连接设计在建筑工程设计方面还是存在一些不严谨的设计环节及设计内容，需要进一步完善和提升。同时，对于一些现阶段北方寒冷地区常见的保温结构一体化技术，由于涉及保温层与主体结构的同步施工，建议其"设计使用年限"宜为 50 年。

2.3　建筑保温结构一体化技术的设计使用年限

鉴于目前建筑保温结构一体化技术大多采用构造防火体系，也就是说大多采用无空腔的夹芯保温复合墙体构造体系，这样即使采用 B_1 或 B_2 级材料，只要满足国家标准《建筑设计防火规范（2018 年版）》（GB 50016—2014）第 6.7.3 条中关于复合结构体内部保温芯材两侧的不燃防护墙体厚度不低于 50mm，既可不设置防火隔离带，也可不设置耐火完整性不低于 0.50h 的外门窗。显然，在主体结构设计使用过程中，或者在主体结构 50 年设计使用年限内，其保温层是与其主体结构作为共同的功能性完整构件而使用的，因此，建筑保温结构一体化技术无论是作为复合外模板现浇墙体体系、夹芯保温现浇墙体体系，还是夹芯保温构造方式的预制承重或非承重复合墙体，它们的设计使用年限都应类似"框架填充墙"形式的非结构构件，其"设计使用年限"在正常使用和正常维护的条件下宜与其所附属的主体结构相同，即不宜低于50 年。

本书著者根据现有国家标准创新性提出必须明确"建筑保温工程的设计使用年限"，这在现行国内标准是个空白。本书著者认为，根据现行《建筑结构可靠性设计统一标准》（GB 50068—2018），在外墙保温工程相关标准规范和设计文件中，必须明确规定建筑保温系统及所附基层墙体组成的复合保温墙体的设计使用年限，因此建议将有关建筑保温工程或建筑保温系统的使用年限修订为：在正常使用和正常维护的条件下，建筑外墙外保温工程的设计使用年限不应少于 25 年，建筑外墙内保温工程及建筑屋面（或楼面）保温工程的设计使用年限不宜少于 25 年，建筑保温结构一体化技术的设计使用年限宜为 50 年。

参考文献

［1］中华人民共和国建设部，国家质量监督检验检疫总局．建筑结构可靠度设计统一标准：GB 50068—2001 ［S］．北京：中国建筑工业出版社，2001.

［2］住房和城乡建设部．建筑结构可靠性设计统一标准：GB 50068—2018 ［S］．北京：中国建筑工业出版社，2018.

［3］Eurocode-Basis of structural design：EN 1990：2002 ［S］．

［4］中华人民共和国建设部．外墙外保温工程技术规程：JGJ 144—2004 ［S］．北京：中国建筑工业出版社，2004.

［5］中华人民共和国住房和城乡建设部，中华人民共和国国家质量监督检验检疫总局．工程结构可靠性设计统一标准：GB 50153—2008 ［S］．北京：中国建筑工业出版社，2008.

［6］中华人民共和国住房和城乡建设部，中华人民共和国国家质量监督检验检疫总局．工程结构设计基本术语标准：GB/T 50083—2014 ［S］．北京：中国建筑工业出版社，2014.

［7］中华人民共和国建设部，中华人民共和国国家质量监督检验检疫总局．民用建筑设计通则：GB 50352—2005 ［S］．北京：中国建筑工业出版社，2005.

［8］中华人民共和国住房和城乡建设部．非结构构件抗震设计规范：JGJ 339—2015 ［S］．北京：中国建筑工业出版社，2015.

［9］中华人民共和国住房和城乡建设部，中华人民共和国国家质量监督检验检疫总局．建筑抗震设计规范：GB 50011—2010 ［S］．北京：中国建筑工业出版社，2016.

［10］中华人民共和国国家质量监督检验总局，中国国家标准化管理委员会．建筑幕墙：GB/T 21086—2007 ［S］．北京：中国标准出版社，2007.

［11］中华人民共和国住房和城乡建设部，中华人民共和国国家质量监督检验检疫总局．砌体结构设计规范：GB 50003—2011 ［S］．北京：中国建筑工业出版社，2011.

第3章 建筑外墙保温技术经济成本分析

3.1 外墙保温技术经济成本增量的主要影响因素分析

3.1.1 现阶段北方寒冷地区建筑节能与防火设计背景

我国建筑节能进入节能65%的第三阶段即行业标准《严寒和寒冷地区居住建筑节能设计标准》（JGJ 26—2010）发布实施后，北方寒冷地区各省、市（如山东、河北、北京、天津等）陆续结合当地气候条件、经济技术等因素先后发布实施了适合各省份特点的更高节能要求即居住建筑节能75%的设计标准。鉴于近年来保温工程屡屡出现火灾事故，2015年5月1日正式实施的国家标准《建筑防火设计规范》（GB 50016—2014），正式将《工程民用建筑设计防火规范（2005年版）》（GB 50045—1995）与《建筑设计防火规范》（GB 50016—2006）合并为《建筑设计防火规范》（GB 50016—2014），调整解决了两者不协调的相关要求，尤其是补充了建筑保温系统的防火要求，明确了保温材料的工程应用原则即"宜用A级保温材料，有限制性条件地采用B_1保温材料，不宜采用B_2保温材料，严禁采用B_3保温材料"。基于此，我国北方寒冷地区面临高节能率设计条件下的保温材料优选问题。传统建筑外墙保温技术再次面临技术先进性、经济合理性以及安全适用性的洗礼性考验和再评价，其中影响各类保温技术体系工程应用最为敏感的因素当属其由节能65%至节能75%的经济成本增量和性价比综合优选问题。

3.1.2 影响外墙保温技术经济成本增量的主要因素

对比北方寒冷地区节能65%和节能75%设计标准以及现行国家标准《建筑设计防火规范（2018年版）》（GB 50016—2014）发布实施前后的防火措施，可见影响现阶段外墙保温技术经济成本增量的主要因素在三个方面：①保温层材料燃烧性能等级和设计厚度；②墙体和屋面防火隔离带；③是否设置满足耐火完整性不低于0.50h的节能门窗。

1. 保温层材料燃烧性能等级和设计厚度

（1）A级保温材料

根据现行国家标准《建筑防火设计规范（2018年版）》（GB 50016—2014）相关规定，对A级保温材料而言，在建筑外墙保温设计中无须另行设置防火隔离带和耐火完整性为0.50h的外门、窗，因此其增量成本应主要在于节能率提高带来的保温层本身厚度的增加。目前应用较多且燃烧性能等级为A级的保温材料主要有岩棉类、玻璃棉类、无机纤维喷涂类、真空绝热板类、无机浆料保温板类（如胶粉聚苯颗粒、玻化微珠、珍珠岩等）和发泡水泥板类等。这些保温材料的共同特点是燃烧性能等级为 A 级不燃材料，但与有机保温材料相比，除真空绝热板的导热系数为 $0.008W/(m \cdot K)$，其保温层厚度较有机材料薄外，其他保温性能相对较差［横丝岩棉板的导热系数为 $0.040W/(m \cdot K)$、竖丝岩棉板的导热系数为 $0.048W/(m \cdot K)$、无机浆料保温板的导热系数一般大于 $0.060W/(m \cdot K)$］，同时无机保温板体积密度较大，至少大于 $100kg/m^3$，是有机板板密度的 3 ~ 5 倍，作为建筑的防火隔离带使用具有一定优势，但作为节能 75% 的居住建筑外墙主要保温材料使用，其厚度一般要超过 100mm；而有机保温板的设计厚度一般为 40 ~ 80mm 即可，这对于粘锚结合和粘贴为主的施工工艺来讲，其与基层墙体的可靠连接和技术安全性，与节能 65% 有很大的不同，保温层厚度对于外墙保温系统的影响已然不能忽视或轻视不顾，对于保温层支承和可靠锚固的要求也会提出更为严格的要求。但总体来讲，由节能 65% 至节能 75%，A 级材料保温层厚度的增加依然是其增量成本的最主要组成部分，但显然在密度和设计厚度方面存在工程应用性安全隐患，优势在于可适用于不同保温系统的各类民用建筑和不同建筑功能部位而无须另行设置防火隔离带，仅需要设置满足建筑热工性能要求的节能门窗即可，并不对其门窗的耐火完整性做出具体要求和规定，而设置耐火完整性不低于 0.50h 的节能门窗恰恰是决定建筑外墙保温工程增量成本的最重要因素。

（2）B_1 级保温材料

当建筑保温系统采用 B_1 级保温材料时，需要有条件地采用，而不像 A 级保温材料的适用范围那样不受防火设计条件约束和限制。其主要适用范围如下：

① 外墙内保温系统除人员密集场所，用火、燃油、燃气等具有火灾危险性的场所以及各类建筑内的疏散楼梯间、避难走道、避难间、避难层等场所或部位外的其他场所，可采用低烟低毒的 B_1 级保温材料，但其保温层外侧的不燃防护层厚度不应低于 10mm。

② 建筑外墙采用 B_1 级保温材料与两侧墙体构成无空腔复合保温结构体，且该结构体的耐火极限要符合防火设计规范要求，同时 B_1 级保温材料两侧的墙体均应采用厚度不低于 50mm 的不燃材料。

③ 无空腔外墙外保温系统建筑高度不大于 100m 的住宅建筑和除设置人员密集场所建筑外的建筑高度不大于 50m 的公共建筑，其中建筑高度不大于 27m 的住宅建筑和建筑高度不大于 24m 的公共建筑采用 B_1 级保温材料时需每层设置高度不低于 300mm 的水平防火隔离带而无须采用耐火完整性不低于 0.50h 的门窗，建筑高度为 27 ~ 100m 的住宅建筑和建筑高度为 24 ~ 50m 的公共建筑采用 B_1 级保温材料时应每层设置水平防火隔离带和采用耐火完整性不低于 0.50h 的门窗，因此 B_1 级保温材料在无空腔外墙外保温系统应用中的经济成本主要取决于其建筑高度，尤其是应用在建筑高度不大于 27m 的多层住宅建筑和建筑高度不大于 24m 的多层公共建筑时，因无须设置耐火完整性不低于 0.50h 的门窗而具有一定的性价比优势，但要注意无论建筑高度多少，其保温系统均需设置每层不低于 300mm 的水平防火隔离带，且 B_1 级保温材料外侧不燃保护层厚度，首层和其他层分别不应低于 15mm 和 5mm。

④ 除设置人员密集场所建筑外的建筑高度不大于 24m 的幕墙类有空腔外保温系统，且 B_1 级保温材料外侧不燃保护层厚度，首层和其他层分别不应低于 15mm 和 5mm。

⑤ 屋面保温系统，且屋面和外墙均采用 B_1、B_2 级保温材料时，两者之间应设置宽度不小于 500mm 的防火隔离带。

⑥ 建筑高度不大于 50m 的建筑外墙装饰层。

综上，目前防火设计规范对于 B_1 级保温材料的应用给出了很多的适用范围和条件限制，但相比 B_2 级保温材料而言，其应用范围和部位还是大了很多，且鉴于其阻燃效果好，目前还是主要的保温材料，也是市场选择的主流。同时对于 B_1 级保温材料，本书需要指出的是，规范给出了材料防火和构造防火两种设计途径，尤其是 B_1 级保温材料带来了更为广阔的应用空间。B_1 级保温材料应用需要在结合现有规范准确理解基础之上，在各类建筑保温与一体化技术中大量应用，而不必像应用在外墙内保温、外保温技术时那样的防火设计条件限制，这也是本书需要强调的重点之一。因此，防火规范对保温材料的规定中明确提出"宜用 A 级，不宜采用 B_2 级，严禁 B_3 级"，而唯独没有对 B_1 级采用具有倾向性的用词。

（3）B_2 级保温材料

现行防火规范对于 B_2 级保温材料采用了"不宜"的用词，即允许稍有选择但在条件许可时首先应这样做的反面用词。其主要的适用范围如下：

① 建筑外墙采用 B_2 级保温材料与两侧墙体构成无空腔复合保温结构体，且该结构体的耐火极限要符合防火设计规范要求，同时 B_2 级保温材料两侧的墙体均应采用厚度不小于 50mm 的不燃材料。

② 建筑高度不大于 27m 的多层住宅建筑和除设置人员密集场所建筑外的建筑高度不大于 24m 的多层公共建筑。但应注意使用限制条件有 3 个：一是应设置耐火完整性不低于 0.50h 的门窗；二是保温系统均需设置每层不低于 300mm 的水平防火隔离带；三是 B_2 级保温材料外侧不燃保护层厚度，首层和其他层分别不应低于 15mm 和 5mm。

③ 屋面板耐火极限不低于 1.00h 时的屋面外保温系统。此时 B_2 级保温材料外侧不燃保护层厚度不应低于 10mm，且屋面和外墙均采用 B_1 或 B_2 级保温材料时，两者之间应设置宽度不小于 500mm 的防火隔离带。

综上可见，除 B_2 级保温材料与两侧不低于 50mm 墙体构成无空腔复合保温结构体外，B_2 级保温材料不适用于外墙内保温系统、有空腔幕墙保温系统、建筑高度大于 27m 的住宅建筑和建筑高度大于 24m 的公共建筑。因此对 B_2 级保温材料采取限制使用，也主要是由于其属于普通可燃材料，当点火源功率较大或有强热辐射时，容易燃烧且火焰传播速度快而有较大的火灾危险性。如要采用，必须采取严格措施进行保护，同时注意施工过程中的防火安全措施，如分别堆放、远离焊接区域或上墙后立即做构造防火措施等。总之，规范不建议采用 B_2 级保温材料[1]。

2. 墙体和屋面防火隔离带

由上述不同燃烧性能等级保温材料的适用范围可知，当采用 B_1 及 B_2 级保温材料时，需要设置屋面和墙面的防火隔离带，相对于《建筑设计防火规范（2018 年版）》（GB 50016—2014）之前的防火措施而言，每层设置防火隔离带势必带来保温工程的增量成本。

3. 是否设置满足耐火完整性不低于 0.50h 的节能门窗

由上述不同燃烧性能等级保温材料的适用范围可知，当采用 B_2 级保温材料或建筑高度大于 27m 的住宅建筑、建筑高度大于 24m 的公共建筑采用 B_1 保温材料时，均需要在外墙设置耐火完整性不低于 0.50h 的节能门窗。由节能 65% 至节能 75%，除了门窗热工性能提高改变带来的增量成本外，最显著的增量成本在于耐火完整性不低于 0.50h 的技术要求[2-3]。

3.2　基于工程案例的外墙保温技术经济成本增量对比分析

3.2.1　工程案例概况

寒冷地区山东省莱芜市某 24 层高层住宅，剪力墙结构，标准层剪力墙厚度为 200mm，抗震设防烈度为 7 度（0.15g），地上 24 层，地下 2 层，总建筑面积 A 约 16500m²；屋面面积 A_r 约 690m²；外立面外门窗总面积 A_c 约 2900m²；外立面墙体总面积 A_w 约 8880m²（其中，钢筋混凝土墙体面积 A_{wh} 约 4930m²，占墙体面积的 55.4%；后砌筑砌块填充墙体面积 A_{wl} 约 3960m²，占墙体面积的 44.6%）；建筑体形系数 S 为 0.26。

图 3.1、图 3.2 和图 3.3 分别为某 24 层工程项目标准层平面图、南立面图和效果图。

3.2.2　保温材料市场价格调研

据本书著者调研，2017 年度上半年寒冷地区山东省不同常用保温材料的市场均价大致如下：

（1）模塑聚苯板（EPS 板）

B_1 级市场销售均价约为 300 元/m³；B_2 级市场销售均价约为 280 元/m³。

（2）挤塑聚苯板（XPS 板）

B_1 级市场销售均价约为 520 元/m³；B_2 级市场销售均价约为 425 元/m³。

（3）硬泡聚氨酯板（PU 板）

B_1 级市场销售均价约为 1450 元/m³；B_2 级市场销售均价约为 1050 元/m³。

（4）改性酚醛泡沫板（MPF 板）

B_1 级市场销售均价为 800~900 元/m³。

（5）模塑石墨聚苯板（SEPS 板）

B_1 级市场销售均价为 380~400 元/m³。

3.2.3　有机保温材料外墙外保温薄抹灰系统增量成本分析

外墙外保温系统包括贴砌类、粘贴类、幕墙类等各种形式，其中以薄抹灰系统为主。现以上述工程案例为基础进行经济成本对比分析，依据山东省《居住建筑节能设计标准》（DBJ 14—037—2012）（节能 65%）和《居住建筑节能设计标准》（DB37/5026—2014）（节能 75%）进行设计。采用绿建斯维尔节能设计软件 BECS2016（软件版本 20160101）进行节能计算，主要分析结果如下：

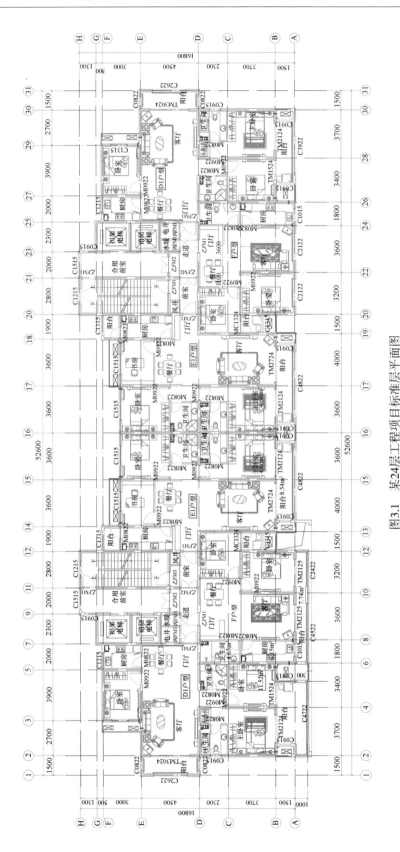

图3.1 某24层工程项目标准层平面图

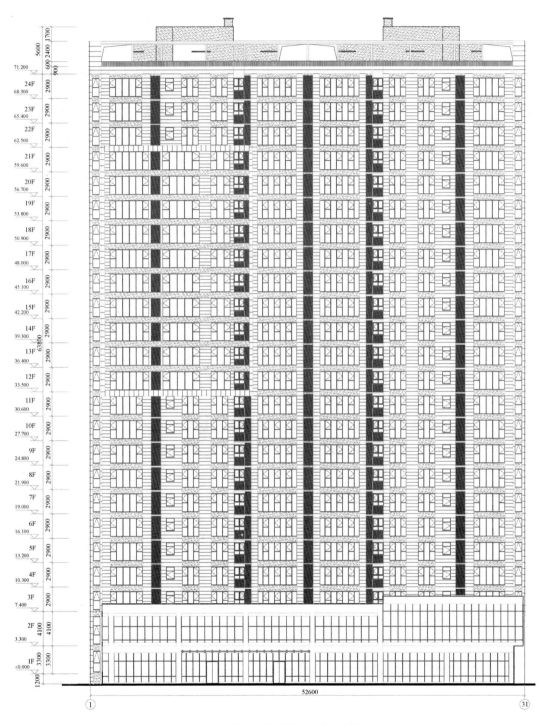

图 3.2　某 24 层工程项目南立面图

图 3.3 某 24 层工程项目立面效果图

1. 墙体保温材料增量成本分析

（1）保温材料选用

① 模塑聚苯板（EPS 板），导热系数 ≤0.039W／（m·K），密度 18～22kg/m³；

② 模塑石墨聚苯板（SEPS 板），导热系数 ≤0.033W／（m·K），密度 18～22kg/m³；

③ 挤塑聚苯板（XPS 板，带表皮），导热系数 ≤0.030W／（m·K），密度 22～35kg/m³；

④ 硬泡聚氨酯板（PU 板），导热系数 ≤0.024W／（m·K），密度 ≥35kg/m³；

⑤ 改性酚醛板（MPF 板），导热系数 ≤0.033W／（m·K），密度 35～55kg/m³。

（2）保温材料设计厚度 $\delta_{65\%}$（节能 65%）

① 模塑聚苯板（EPS 板）厚度为 40mm；

② 模塑石墨聚苯板（SEPS 板）厚度为 40mm；

③ 挤塑聚苯板（XPS 板）厚度为 40mm；

④ 硬泡聚氨酯板（PU 板）厚度为 30mm；

⑤ 改性酚醛泡沫板（MPF 板）厚度为 40mm。

（3）保温材料设计厚度 $\delta_{75\%}$（节能 75%）

① 模塑聚苯板（EPS 板）厚度为 80mm；

② 模塑石墨聚苯板（SEPS 板）厚度为 70mm；

③ 挤塑聚苯板（XPS 板）厚度为 70mm；

④ 硬泡聚氨酯板（PU 板）厚度为 60mm；

⑤ 改性酚醛泡沫板（MPF 板）厚度为 80mm。

（4）设计厚度增加值（$\Delta\delta = \delta 75\% - \delta 65\%$）及增量成本核算

① 模塑聚苯板（EPS 板）设计厚度增加值

$$\Delta\delta = \delta_{75\%} - \delta_{65\%} = 80 - 40 = 40 \ （mm）$$

单位墙体面积增量成本：

$$B_1 级为 300 \times (40 \times 10^{-3}) = 12.00 \ （元/m^2）$$
$$B_2 级为 280 \times (40 \times 10^{-3}) = 11.20 \ （元/m^2）$$

折合到单体建筑单位建筑面积的增量成本：

$$B_1 级为 12.00 \times (A_w/A) = 12.00 \times (8880/16500) = 6.46 \ （元/m^2）$$
$$B_2 级为 11.20 \times (A_w/A) = 11.20 \times (8880/16500) = 6.03 \ （元/m^2）$$

② 模塑石墨聚苯板（SEPS 板）设计厚度增加值

$$\Delta\delta = \delta 75\% - \delta 65\% = 70 - 40 = 30 \ （mm）$$

单位墙体面积增量成本：

$$B_1 级为 (380～400) \times (30 \times 10^{-3}) = 11.40～12.00 \ （元/m^2）$$

折合到单体建筑单位建筑面积的增量成本：

$$B_1 级为 (11.40～12.00) \times (A_w/A) = (11.40～12.00) \times$$
$$(8880/16500) = 6.14～6.46 \ （元/m^2）$$

③ 挤塑聚苯板（XPS 板）设计厚度增加值

$$\Delta\delta = \delta 75\% - \delta 65\% = 70 - 40 = 30 \ （mm）；$$

单位墙体面积增量成本：

$$B_1 级为 520 \times (30 \times 10^{-3}) = 15.60 （元/m^2）$$

$$B_2 级为 425 \times (30 \times 10^{-3}) = 12.75 （元/m^2）$$

折合至单体建筑单位建筑面积的增量成本：

$$B_1 级为 15.60 \times (A_w/A) = 15.60 \times (8880/16500) = 8.40 （元/m^2）$$

$$B_2 级为 12.75 \times (A_w/A) = 12.75 \times (8880/16500) = 6.86 （元/m^2）$$

④硬泡聚氨酯板（PU 板）设计厚度增加值

$$\Delta\delta = \delta_{75\%} - \delta_{65\%} = 60 - 30 = 30 （mm）;$$

单位墙体面积增量成本：

$$B_1 级为 1450 \times (30 \times 10^{-3}) = 43.50 （元/m^2）$$

$$B_2 级为 1050 \times (30 \times 10^{-3}) = 31.50 （元/m^2）$$

折合至单体建筑单位建筑面积的增量成本：

$$B_1 级为 43.50 \times (A_w/A) = 43.50 \times (8880/16500) = 23.41 （元/m^2）$$

$$B_2 级为 31.50 \times (A_w/A) = 31.50 \times (8880/16500) = 16.95 （元/m^2）$$

⑤改性酚醛泡沫板（MPF 板）设计厚度增加值

$$\Delta\delta = \delta{75\%} - \delta{65\%} = 80 - 40 = 40 （mm）;$$

单位墙体面积增量成本：

$$B_1 级为 （800 \sim 900） \times (40 \times 10^{-3}) = 32.00 \sim 36.00 （元/m^2）$$

折合到单体建筑单位建筑面积的增量成本：

$$B_1 级为 （32.00 \sim 36.00） \times (A_w/A) = （32.00 \sim 36.00） \times (8880/16500)$$

$$= 17.22 \sim 19.37 （元/m^2）$$

（5）保温材料增量成本分析

可见，对墙体保温工程而言，折合至单体建筑单位建筑面积的增量成本为6.03 ~ 23.41 元/m^2，墙体工程增量成本主要取决于保温材料本身的市场销售价。

2. 抹面胶浆防护层增量成本分析

节能65%时的抹面胶浆厚度为3~5mm，节能75%时按现行国家标准《建筑设计防火规范》（GB 50016—2014）第6.7.8条的要求：采用燃烧性能等级为B_1和B_2级的有机保温材料时，首层最外侧防护层厚度要求不低于15mm，其他层不低于5mm。采用有机保温材料时首层节能65%时不燃防护层厚度为3~5mm，节能75%时不燃防护层厚度为不低于15mm，首层防护层厚度增加暂按12mm计算。其他层节能65%时不燃防护层厚度为3~5mm，节能75%时不燃防护层厚度为不低于5mm，防护层厚度增加暂按2mm计算。

抹面胶浆的市场均价，根据调研情况，离散性相对较大，因此暂按1200 元/t 进行测算，密度ρ约为1600kg/m^3，折合至单位墙体面积的增量成本约为：

（1）首层：$1200 \times (1600 \times 12 \times 10^{-3}) = 23.04 （元/m^2）$

（2）其他层：$1200 \times (1600 \times 2 \times 10^{-3}) = 3.84 （元/m^2）$

（3）折合至单体建筑单位建筑面积的增量成本约为：

$$（23.04 \times A_w/24 + 3.84 \times A_w \times 23/24） = 2.50 （元/m^2）$$

当抹面胶浆的市场均价按 900 元/t 计算时，折合至单体建筑单位建筑面积的增量成本约为 1.88 元/m²。据作者调研，目前抹面胶浆的市场均价为 900～1200 元/t，采用有机保温材料时，折合至单体建筑单位建筑面积的增量成本为 1.88～2.50 元/m²。

3. 地面保温工程增量成本分析

保温材料选择：挤塑聚苯板（XPS 板）、硬泡聚氨酯板（PU 板）。地面保温层设计厚度：挤塑聚苯板（XPS 板）按节能 65% 和 75% 计算时均采用 20 mm，增量成本为 0；硬泡聚氨酯板（PU 板）按节能 65% 和 75% 计算时均采用 20 mm，增量成本为 0。因此对地面保温工程而言，节能 65% 和 75% 计算时增量成本为 0，折合至单体建筑单位建筑面积的增量成本也为 0，单体建筑没有增量成本。

4. 屋面保温工程增量成本分析

（1）保温材料选择

① 挤塑聚苯板（XPS 板，带表皮），导热系数 ≤0.030W/（m·K），密度 22～35kg/m³；

② 硬泡聚氨酯板（PU 板），导热系数 ≤0.024W/（m·K），密度 ≥35kg/m³。

（2）屋面保温层厚度及增量成本核算

① 按节能 65% 计算时所需保温材料的厚度计算值（$\delta_{65\%}$）

挤塑聚苯板（XPS 板）为 60mm；硬泡聚氨酯板（PU 板）为 50mm。

② 按节能 75% 计算时所需保温材料的厚度计算值（$\delta_{75\%}$）

挤塑聚苯板（XPS 板）为 70mm；硬泡聚氨酯板（PU 板）为 60mm。

（3）厚度增加值（$\Delta\delta = \delta_{75\%} - \delta_{65\%}$）及增量成本核算

① 挤塑聚苯板（XPS 板）厚度增加值 $\Delta\delta = \delta_{75\%} - \delta_{65\%} = 70 - 60 = 10$（mm）

单位屋面面积增量成本：

B_1 级为 $520 \times (10 \times 10^{-3}) = 5.20$（元/m²）

B_2 级为 $425 \times (10 \times 10^{-3}) = 4.25$（元/m²）

折合到单体建筑单位建筑面积的增量成本：

B_1 级为 $5.20 \times (A_f/A) = 5.20 \times (690/16500) = 0.22$（元/m²）

B_2 级为 $4.25 \times (A_f/A) = 4.25 \times (690/16500) = 0.18$（元/m²）

② 硬泡聚氨酯板（PU 板）厚度增加值 $\Delta\delta = \delta_{75\%} - \delta_{65\%} = 60 - 50 = 10$（mm）

单位屋面面积增量成本：

B_1 级为 $1450 \times (10 \times 10^{-3}) = 14.50$（元/m²）

B_2 级为 $1050 \times (10 \times 10^{-3}) = 10.50$（元/m²）

折合至单体建筑单位建筑面积的增量成本：

B_1 级为 $14.50 \times (A_f/A) = 14.50 \times (690/16500) = 0.61$（元/m²）

B_2 级为 $10.50 \times (A_f/A) = 10.50 \times (690/16500) = 0.44$（元/m²）

由于屋面面积所占单体建筑总建筑面积比率越小，增量成本越不明显，屋面保温对高层建筑而言其增量成本并不明显，故折合到单体建筑面积的增量成本为 0.18～0.61 元/m²。

5. 防火隔离带增量成本分析

按现行《建筑防火设计规范（2018 年版）》（GB 50016—2014）第 6.7.7 条 2 款的规定，采用 B 级保温材料时应在保温系统中每层设置高度不小于 300mm 的防火隔离带；按 6.7.10 条的规定，屋面与外墙间应设置宽度不小于 500mm 的防火隔离带。目前大部分采用岩棉板防火隔离带，从市场销售均价来看，岩棉板价位高于传统 EPS 板、SEPS 板和 XPS 板，但低于 PU 板，整体来说，由于保温材料的差价区别，这部分的增量成本对于单体建筑的单位建筑面积而言不是太突出，故此处不单独进行核算而暂予以忽略。

6. 节能门窗增量成本（耐火完整性不低于 0.50h）

因外墙外保温系统不符合现行《建筑设计防火规范（2018 年版）》（GB 50016—2014）第 6.7.3 条，故根据第 6.7.7 条 1 款的规定："除采用 B_1 级保温材料且建筑高度不大于 24m 的公共建筑或采用 B_1 级保温材料且建筑高度不大于 27m 的住宅建筑外，建筑外墙上门、窗的耐火完整性不应低于 0.50h。"该工程案例为 24 层住宅建筑，应设置耐火完整性不低于 0.50h 的节能外墙门、窗。节能率 65% 时采用双玻中空节能门窗时的市场均价约为 600 元/m^2，节能率 75% 时采用三玻双中空节能门窗时的市场均价约为 900 元/m^2，而同时满足耐火完整性不低于 0.50h 的节能门窗的市场均价约为 1200 元/m^2。因此，节能率由 65% 提高至 75%，门窗单位墙体面积的增量成本约为 1200（节能 75%）－600（节能 65%）＝600（元/m^2）。

折合至单体建筑单位建筑面积的增量成本约为

$$600 \times （A_c/A）= 600 \times （2900/16500）= 105.46（元/m^2）$$

7. 总增量成本核算

① 折合至单体建筑单位面积的墙体保温材料工程增量成本为 6.03～23.41 元/m^2。

② 折合至单体建筑单位面积的墙体抹面胶浆防护层工程增量成本为 1.88～2.50 元/m^2。

③ 折合至单体建筑单位建筑面积的地面保温工程增量成本为 0。

④ 折合至单体建筑单位建筑面积的屋面保温工程增量成本为 0.18～0.61 元/m^2。

⑤ 折合至单体建筑单位建筑面积的防火隔离带增量成本忽略不计。

⑥ 折合至单体建筑单位建筑面积的节能门窗（包括耐火完整性要求）增量成本约为 105.46 元/m^2。

⑦ 折合至单体建筑单位面积的增量成本总量＝墙体保温材料工程＋墙体抹面胶浆防护层工程＋地面保温工程（增量成本为 0）＋屋面保温工程＋节能门窗＝（6.03～23.41）＋（1.88～2.50）＋0＋（0.18～0.61）＋0＋105.46＝113.55～131.81（元/m^2）。

由上述分析计算可知，折合至单体建筑单位建筑面积的增量成本总量主要取决于节能门窗工程（包括耐火完整性要求），其次是墙体保温工程，但所占比率不大，屋面保温工程占比非常小，地面保温工程无增量成本。外墙外保温薄抹灰系统采用有机保温材料时，上述各项增量成本核算汇总表见表 3.1。

表 3.1　有机保温材料外墙外保温薄抹灰系统增量成本分析核算汇总表

序号	项目	保温材料种类		市场均价（元/m³）	节能 65%所需厚度 δ₆₅%	节能 75%所需厚度 δ₇₅%	厚度增加值（$\Delta\delta = \delta_{75\%} - \delta_{65\%}$）	单位建筑面积增量成本（元/m²）
1	墙体保温工程	EPS 板	B₁级	300	40	80	40	6.46
			B₂级	280				6.03
		XPS 板	B₁级	520	40	70	30	8.40
			B₂级	425				6.86
		PU 板	B₁级	1450	30	60	30	23.41
			B₂级	1050				16.95
		SEPS 板	B₁级	380~400	40	70	30	6.14~6.46
		MPF 板	B₁级	800~900	40	80	40	17.22~19.37
2	墙体抹面胶浆防护层	首层		900~	≥3~5	≥15	≥12	1.88~2.50
		其他层		1200 元/t	≥3~5	≥5	≥2	
3	地面保温工程	XPS 板	B₁级	520	20	20	0	0
			B₂级	425				
		PU 板	B₁级	1450	20	20	0	0
			B₂级	1050				
4	屋面保温工程	XPS 板	B₁级	520	60	70	10	0.22
			B₂级	425				0.18
		PU 板	B₁级	1450	50	60	10	0.61
			B₂级	1050				0.44
5	防火隔离带			未予考虑				
6	节能门窗（未考虑耐火完整性）			600 元/m²（节能 65%）		900 元/m²（节能 75%）		52.73
	节能门窗（考虑耐火完整性）			600 元/m²（节能 65%）		1200 元/m²（节能 75%）		105.46
7	小结	（1）折合至单体建筑的单位建筑面积总增量成本为 113.55~131.81 元/m²； （2）折合至单体建筑单位面积的增量成本总量主要取决于节能门窗工程（包括耐火完整性要求），其次是墙体保温工程，屋面保温工程占比很小，地面保温工程无增量成本							

3.2.4　无机保温材料外墙外保温薄抹灰系统增量成本分析

现仍以上述工程案例为基础进行经济成本对比分析，依据寒冷地区山东省《居住建筑节能设计标准》（DBJ 14—037—2012）（节能 65%）和《居住建筑节能设计标准》（DB37/5026—2014）（节能 75%）进行设计。采用绿建斯维尔节能设计软件 BECS2016（软件版本 20160101）进行节能计算，主要分析结果如下：

1. 墙体保温材料增量成本分析

（1）保温材料选用

① 岩棉板，导热系数≤0.040W/（m·K），密度≥140kg/m³；

② 真空绝热板，导热系数≤0.008W/（m·K），面密度7~13.5kg/m²。

（2）保温材料设计厚度 $\delta_{65\%}$（节能65%）

按节能65%计算时所需不同夹芯保温材料的厚度计算值（$\delta_{65\%}$）

① 岩棉板厚度为90mm；

② 真空绝热板厚度为10mm。

（3）保温材料设计厚度 $\delta_{75\%}$（节能75%）

按节能75%计算时所需不同夹芯保温材料的厚度计算值（$\delta_{75\%}$）

① 岩棉板厚度为120mm；

② 真空绝热板厚度为20mm。

（4）设计厚度增加值（$\Delta\delta = \delta75\% - \delta65\%$）及增量成本核算

按节能75%计算时所需不同保温材料的厚度增加值（$\Delta\delta = \delta_{75\%} - \delta_{65\%}$）及增量成本核算：

① 岩棉板厚度增加值

$\Delta\delta = \delta_{75\%} - \delta_{65\%} = 120 - 90 = 30$（mm）

单位墙体面积增量成本：

$450 \times （30 \times 10^{-3}）= 13.50$（元/m²）

折合到单体建筑单位建筑面积的增量成本：

$13.50 \times （A_w/A）= 13.50 \times （8880/16500）= 7.26$（元/m²）

② 真空绝热板厚度增加值

$\Delta\delta = \delta_{75\%} - \delta_{65\%} = 20 - 10 = 10$（mm）

单位墙体面积增量成本：

$120 - 80 = 40$（元/m²）

折合至单体建筑单位建筑面积的增量成本：

$40 \times （A_w/A）= 40 \times （8880/16500）= 21.53$（元/m²）

（5）无机保温材料增量成本

对采用无机保温材料时墙体保温工程而言，折合至单体建筑单位建筑面积的增量成本为7.26~21.53元/m²，墙体工程增量成本主要取决于保温材料本身的市场销售价。

2. 抹面胶浆防护层增量成本分析

节能65%时的抹面胶浆厚度为3~5mm，节能75%时按现行《建筑设计防火规范（2018年版）》（GB 50016—2014）第6.7.8条的要求，当采用无机保温材料如岩棉板、真空绝热板时，由于无须对无机不燃A级保温材料进行隔离防火的防护层措施，因此外侧不燃保护层厚度与现行《建筑防火设计规范（2018年版）》（GB 50016—2014）相比而言，没有变化，因此该项无增量成本。

3. 地面保温工程增量成本分析

保温材料选择：挤塑聚苯板（XPS板）、硬泡聚氨酯板（PU板）。地面保温层设计厚度：挤塑聚苯板（XPS板）按节能65%和75%计算时均采用20mm，增量成本为0；硬泡聚氨酯板（PU板）按节能65%和75%计算时均采用20mm，增量成本为0。因此对地面保温工程而言，节能65%和75%计算时增量成本为0，折合到单体建筑单位建筑面积的增量成本也为 0，单体建筑没有增量成本。

4. 屋面保温工程增量成本分析

（1）保温材料选择

① 挤塑聚苯板（XPS 板，带表皮），导热系数 ≤0.030W/（m·K），密度 22～35kg/m^3；

② 硬泡聚氨酯板（PU 板），导热系数 ≤0.024W/（m·K），密度 ≥35kg/m^3。

（2）屋面保温层厚度及增量成本核算

① 按节能 65% 计算时所需保温材料的厚度计算值（$\delta_{65\%}$）

挤塑聚苯板（XPS 板）为 60mm；硬泡聚氨酯板（PU 板）为 50mm。

② 按节能 75% 计算时所需保温材料的厚度计算值（$\delta_{75\%}$）

挤塑聚苯板（XPS 板）为 70mm；硬泡聚氨酯板（PU 板）为 60mm。

（3）厚度增加值（$\Delta\delta = \delta_{75\%} - \delta_{65\%}$）及增量成本核算

① 挤塑聚苯板（XPS 板）厚度增加值 $\Delta\delta = \delta_{75\%} - \delta_{65\%} = 70 - 60 = 10$（mm）

单位屋面面积增量成本：

B_1 级为 $520 \times (10 \times 10^{-3}) = 5.20$（元/m^2）

B_2 级为 $425 \times (10 \times 10^{-3}) = 4.25$（元/m^2）

折合至单体建筑单位建筑面积的增量成本：

B_1 级为 $5.20 \times (A_f/A) = 5.20 \times (690/16500) = 0.22$（元/m^2）

B_2 级为 $4.25 \times (A_f/A) = 4.25 \times (690/16500) = 0.18$（元/m^2）

② 硬泡聚氨酯板（PU 板）厚度增加值 $\Delta\delta = \delta_{75\%} - \delta_{65\%} = 60 - 50 = 10$（mm）

单位屋面面积增量成本：

B_1 级为 $1450 \times (10 \times 10^{-3}) = 14.50$（元/m^2）

B_2 级为 $1050 \times (10 \times 10^{-3}) = 10.50$（元/m^2）

折合至单体建筑单位建筑面积的增量成本：

B_1 级为 $14.50 \times (A_f/A) = 14.50 \times (690/16500) = 0.61$（元/m^2）

B_2 级为 $10.50 \times (A_f/A) = 10.50 \times (690/16500) = 0.44$（元/m^2）

由于屋面面积所占单体建筑总建筑面积比例越小，增量成本越不明显，屋面保温对高层建筑而言其增量成本并不明显，故折合到单体建筑面积的增量成本为 0.18～0.61 元/m^2。

5. 防火隔离带增量成本分析

按现行《建筑防火设计规范（2018 年版）》（GB 50016—2014）第 6.7.7 条的要求，由于采用无机保温材料，燃烧性能等级为 A 级，故墙体保温工程无须设置防火隔离带，故该项增量成本为 0。

6. 节能门窗增量成本（无须耐火完整性不低于 0.50h）

外墙外保温系统采用无机保温材料时，虽不符合现行《建筑设计防火规范（2018 年版）》（GB 50016—2014）第 6.7.3 条，由于采用无机保温材料，燃烧性能等级为 A 级，无须设置耐火完整性不低于 0.50h 的节能外墙门、窗，仅考虑节能由 65% 至节能 75% 的节能门窗即可。节能率 65% 时采用双玻中空节能门窗时的市场均价约为

600 元/m^2，节能率75%时采用三玻双中空节能门窗时的市场均价约为 900 元/m^2，因此，节能率由65%提高至75%，门窗单位墙体面积的增量成本约为：

900（节能75%）－600（节能65%）＝300（元/m^2）

折合至单体建筑单位建筑面积的增量成本约为：

$300 \times (A_c/A) = 300 \times (2900/16500) = 52.73$（元/$m^2$）

7. 总增量成本核算

① 折合至单体建筑单位面积的墙体保温材料工程增量成本为 $2.42 \sim 23.41$ 元/m^2。

② 折合至单体建筑单位面积的墙体抹面胶浆防护层工程增量成本为 $1.88 \sim 2.50$ 元/m^2。

③ 折合至单体建筑单位建筑面积的地面保温工程增量成本为0。

④ 折合至单体建筑单位建筑面积的屋面保温工程增量成本为 $0.18 \sim 0.61$ 元/m^2。

⑤ 折合至单体建筑单位建筑面积的防火隔离带增量成本忽略不计。

⑥ 折合至单体建筑单位建筑面积的节能门窗增量成本为 52.73 元/m^2。

⑦ 折合至单体建筑单位面积的增量成本总量＝墙体保温材料工程＋墙体抹面胶浆防护层工程＋地面保温工程（增量成本为0）＋屋面保温工程＋节能门窗＝（$7.26 \sim 21.53$）＋（$1.88 \sim 2.50$）＋0＋（$0.18 \sim 0.61$）＋0＋52.73＝$62.05 \sim 77.37$（元/m^2）。

上述分析计算可知，无机保温材料外墙外保温薄抹灰系统折合到单体建筑单位建筑面积的增量成本总量主要取决于节能门窗工程（无耐火完整性不低于 0.50h 要求），其次是墙体保温工程，屋面保温工程，占比很小，地面保温工程无增量成本。外墙外保温薄抹灰系统采用无机保温材料时，上述各项增量成本核算汇总表见表3.2。

表3.2 有机保温材料外墙外保温薄抹灰系统增量成本分析核算汇总表

序号	项目	保温材料种类		市场均价（元/m^3）	节能65%所需厚度 $\delta_{65\%}$	节能75%所需厚度 $\delta_{75\%}$	厚度增加值 $\Delta\delta = \delta_{75\%} - \delta_{65\%}$	单位建筑面积增量成本（元/m^2）
1	墙体保温工程	岩棉板	A 级	450	90	120	30	7.26
		STP 板	A 级	—	10（80 元/m^2）	20（120 元/m^2）	10	21.53
2	墙体抹面胶浆防护层	无机保温材料	各层	900 ~ 1200 元/t	≥3 ~ 5	≥3 ~ 5	0	0
3	地面保温工程	XPS 板	B_1 级	520	20	20	0	0
			B_2 级	425				
		PU 板	B_1 级	1450	20	20	0	0
			B_2 级	1050				
4	屋面保温工程	XPS 板	B_1 级	520	60	70	10	0.22
			B_2 级	425				0.18
		PU 板	B_1 级	1450	50	60	10	0.61
			B_2 级	1050				0.44

续表

序号	项目	保温材料种类	市场均价（元/m³）	节能65%所需厚度 $\delta_{65\%}$	节能75%所需厚度 $\delta_{75\%}$	厚度增加值 $\Delta\delta = \delta_{75\%} - \delta_{65\%}$	单位建筑面积增量成本（元/m²）
5		防火隔离带	未予考虑				
6		节能门窗（不考虑耐火完整性）	600 元/m²（节能65%）	900 元/m²（节能75%）			52.73
7	小结	（1）折合至单体建筑的单位建筑面积总增量成本大致为 62.05～77.37 元/m²； （2）折合至单体建筑单位面积的增量成本总量主要取决于节能门窗工程（无耐火完整性要求），其次是墙体保温工程，屋面保温工程占比很小，地面保温工程无增量成本					

3.2.5 复合保温模板现浇混凝土墙体自保温系统增量成本分析

现仍以上述工程案例为基础进行经济成本对比分析，依据寒冷地区山东省《居住建筑节能设计标准》（DBJ 14—037—2012）（节能65%）和《居住建筑节能设计标准》（DB37/5026—2014）（节能75%）进行设计。采用绿建斯维尔节能设计软件 BECS2016（软件版本 20160101），以北方寒冷地区尤其是山东省份应用居多的 FS 外模板现浇混凝土复合保温体系为例进行节能计算，主要分析结果如下：

1. 墙体保温材料增量成本分析

（1）保温材料选用

① 模塑聚苯板（EPS 板），导热系数≤0.039W/（m·K），密度18～22kg/m³；

② 模塑石墨聚苯板（SEPS 板），导热系数≤0.033W/（m·K），密度18～22kg/m³；

③ 挤塑聚苯板（XPS 板，带表皮），导热系数≤0.030W/（m·K），密度22～35kg/m³；

④ 硬泡聚氨酯板（PU 板），导热系数≤0.024W/（m·K），密度≥35kg/m³。

（2）节能65%复合模板成本计算

节能65% FS 外模板现浇混凝土复合保温系统构造成本计算如下，其中保温芯材层外侧的不燃防护层总厚度为 20 + 12 = 32（mm）。

① 找平抹面层（20mm厚专用抹面砂浆）

抹面层单位墙体面积成本：400 × 0.020 = 8.00（元/m²）。

② FS 复合外模板

a. 1mm 厚粘结层 + 8mm 厚保温过渡层 + 3mm 厚粘结加强层（共12mm厚）；

b. 40mm 厚 XPS 板保温层；

c. 3mm 厚粘结加强层；

d. FS 复合外模板单位墙体面积成本：

400 × （0.012 + 0.003） + （425～520）× 0.040 = 23.00～26.80（元/m²）。

③ 基层墙体外侧 FS 保温系统的单位墙体面积成本 = 抹面层单位墙体面积成本 + FS 复合外模板单位墙体面积成本 = 8.00 + （23.00～26.80）= 31.00～34.80（元/m²）。

（3）节能 75% 复合模板成本计算

节能 75% FS 外模板现浇混凝土复合保温系统构造（保温层外侧总厚度为 50mm）。

① 抹面层（5mm 厚抗裂砂浆）

抹面层单位墙体面积成本：

$(900 \sim 1200) \times 1.60 \times 0.005 = 7.20 \sim 9.6$（元/$m^2$）

② 找平层（25mm 厚保温砂浆）

抹面层单位墙体面积成本：

$400 \times 0.025 = 10.00$（元/m^2）

③ FS 复合外模板

a. 1mm 厚粘结层 + 16mm 厚保温过渡层 + 3mm 厚粘结加强层（共 20mm 厚）；

b. 55mm 厚 XPS 板保温层；

c. 3mm 厚粘结加强层；

d. FS 复合外模板单位墙体面积成本：

$400 \times (0.020 + 0.003) + (425 \sim 520) \times 0.055 = 32.58 \sim 37.80$（元/$m^2$）

④ 基层墙体外侧 FS 保温系统的单位墙体面积成本 = 抹面层单位墙体面积成本 + 找平层单位墙体面积成本 + FS 复合外模板单位墙体面积成本 = $(7.20 \sim 9.6) + 10.00 + (32.58 \sim 37.80) = 49.78 \sim 57.40$（元/$m^2$）。

（4）节能 65% 至节能 75% 单位墙体面积增量成本核算

由上可知，节能由 65% 至节能 75%，基层墙体外侧 FS 保温系统的单位墙体面积增量成本为 $(49.78 \sim 57.40) - (31.00 \sim 34.80) = 14.98 \sim 26.40$（元/$m^2$）。

折合至单体建筑单位建筑面积的增量成本：

$(14.98 \sim 26.40) \times (A_w/A) = (14.98 \sim 26.40) \times (8880/16500) = 8.06 \sim 14.21$（元/$m^2$）

2. 地面保温工程增量成本分析

保温材料选择：挤塑聚苯板（XPS 板）、硬泡聚氨酯板（PU 板）。地面保温层设计厚度：挤塑聚苯板（XPS 板）按节能 65% 和 75% 计算时均采用 20mm，增量成本为 0；硬泡聚氨酯板（PU 板）按节能 65% 和 75% 计算时均采用 20mm，增量成本为 0。因此对地面保温工程而言，节能 65% 和 75% 计算时增量成本为 0，折合至单体建筑单位建筑面积的增量成本也为 0，单体建筑没有增量成本。

3. 屋面保温工程增量成本分析

（1）保温材料选择

① 挤塑聚苯板（XPS 板，带表皮），导热系数 ≤0.030W/（m·K），密度 $22 \sim 35kg/m^3$；

② 硬泡聚氨酯板（PU 板），导热系数 ≤0.024W/（m·K），密度 ≥$35kg/m^3$。

（2）屋面保温层厚度及增量成本核算

① 按节能 65% 计算时所需保温材料的厚度计算值（$\delta_{65\%}$）

挤塑聚苯板（XPS 板）为 60mm；硬泡聚氨酯板（PU 板）为 50mm。

② 按节能 75% 计算时所需保温材料的厚度计算值（$\delta_{75\%}$）

挤塑聚苯板（XPS 板）为 70mm；硬泡聚氨酯板（PU 板）为 60mm。

（3）厚度增加值（$\Delta\delta = \delta_{75\%} - \delta_{65\%}$）及增量成本核算

① 挤塑聚苯板（XPS板）厚度增加值 $\Delta\delta = \delta_{75\%} - \delta_{65\%} = 70 - 60 = 10$（mm）

单位屋面面积增量成本：

B_1 级为 $520 \times (10 \times 10^{-3}) = 5.20$（元/m²）

B_2 级为 $425 \times (10 \times 10^{-3}) = 4.25$（元/m²）

折合至单体建筑单位建筑面积的增量成本：

B_1 级为 $5.20 \times (A_f/A) = 5.20 \times (690/16500) = 0.22$（元/m²）

B_2 级为 $4.25 \times (A_f/A) = 4.25 \times (690/16500) = 0.18$（元/m²）

② 硬泡聚氨酯板（PU板）厚度增加值 $\Delta\delta = \delta_{75\%} - \delta_{65\%} = 60 - 50 = 10$（mm）

单位屋面面积增量成本：

B_1 级为 $1450 \times (10 \times 10^{-3}) = 14.50$（元/m²）

B_2 级为 $1050 \times (10 \times 10^{-3}) = 10.50$（元/m²）

折合至单体建筑单位建筑面积的增量成本：

B_1 级为 $14.50 \times (A_f/A) = 14.50 \times (690/16500) = 0.61$（元/m²）

B_2 级为 $10.50 \times (A_f/A) = 10.50 \times (690/16500) = 0.44$（元/m²）

由于屋面面积所占单体建筑总建筑面积比率越小，增量成本越不明显，屋面保温对高层建筑而言其增量成本并不明显，故折合至单体建筑面积的增量成本为 0.18～0.61 元/m²。

4. 防火隔离带增量成本分析

根据现行《建筑防火设计规范（2018 年版）》（GB 50016—2014）第6.7.3 条的要求，节能75%时保温层外侧的防护层厚度为50mm，可不设置防火隔离带和耐火完整性不低于0.50h的外门、窗。因此，由节能75%至节能75%，此项增量成本为0。

5. 节能门窗增量成本（无须设置耐火完整性不低于0.50h的门窗）

因无须设置耐火完整性不低于0.50h的门窗，节能率由65%提高至75%，门窗单位墙体面积的增量成本约为900（节能75%）－600（节能65%）＝300（元/m²）。

折合至单体建筑单位建筑面积的增量成本约为

$300 \times (A_c/A) = 300 \times (2900/16500) = 52.73$（元/m²）

6. 总增量成本核算

① 折合至单体建筑单位面积的墙体保温材料工程增量成本为8.06～12.92 元/m²。

② 折合至单体建筑单位建筑面积的地面保温工程增量成本为0。

③ 折合至单体建筑单位建筑面积的屋面保温工程增量成本为0.18～0.61 元/m²。

④ 折合至单体建筑单位建筑面积的防火隔离带和耐火完整性要求门窗的增量成本为0。

⑤ 折合至单体建筑单位建筑面积的节能门窗（无耐火完整性要求）增量成本为52.73 元/m²。

⑥ 折合至单体建筑单位面积的增量成本总量＝墙体保温材料工程＋地面保温工程＋屋面保温工程＋节能门窗＝（8.06～14.21）＋0＋（0.18～0.44）＋0＋52.73＝60.97～67.38（元/m²）。

上述分析计算可知，FS外模板现浇混凝土复合保温系统折合至单体建筑单位建筑面积的增量成本总量主要取决于节能门窗工程（因门窗无耐火完整性不低于0.50h要求），其次是墙体保温工程，屋面保温工程占比很小，地面保温工程无增量成本。外墙外保温薄抹灰系统采用FS外模板现浇混凝土复合保温系统时，上述各项增量成本核算汇总表见表3.3。

表3.3　FS外模板现浇混凝土复合保温系统增量成本分析核算汇总表

序号	项目	保温材料种类		市场均价（元/m³）	节能65%所需厚度$\delta_{65\%}$	节能75%所需厚度$\delta_{75\%}$	厚度增加值（$\Delta\delta = \delta_{75\%} - \delta_{65\%}$）	单位建筑面积增量成本
1	墙体保温工程	抹面层	A级	400	8.00	7.20 ~ 9.6	——	8.06 ~ 14.21
		找平层	A级	400	0	10.00	——	
		FS模板	——		23.00 ~ 26.80	32.58 ~ 37.80		
		小计			31.00 ~ 34.80	49.78 ~ 57.40		
2	地面保温工程	XPS板	B₁级	520	20	20	0	0
			B₂级	425				
		PU板	B₁级	1450	20	20	0	0
			B₂级	1050				
3	屋面保温工程	XPS板	B₁级	520	60	70	10	0.22
			B₂级	425				0.18
		PU板	B₁级	1450	50	60	10	0.61
			B₂级	1050				0.44
4	防火隔离带	无						
5	耐火完整性0.50h外门窗	无						
6	节能门窗	600元/m²（节能65%）			900元/m²（节能75%）			52.73
7	小结	（1）折合至单体建筑的单位建筑面积总增量成本为60.97 ~ 67.38元/m²；（2）折合至单体建筑单位面积的增量成本总量主要取决于节能门窗工程（无耐火完整性要求），其次是墙体保温工程，屋面保温工程占比很小，地面保温工程无增量成本						

3.2.6　现浇混凝土夹芯复合墙体自保温系统增量成本分析

现仍以上述工程案例为基础进行经济成本对比分析，依据寒冷地区山东省《居住建筑节能设计标准》（DBJ 14—037—2012）（节能65%）和《居住建筑节能设计标准》（DB37/5026—2014）（节能75%）进行设计。采用绿建斯维尔节能设计软件BECS2016（软件版本20160101），以北方寒冷地区尤其是山东省份应用居多的CL建筑结构体系和IPS现浇混凝土剪力墙自保温体系为例进行节能计算，主要分析结果如下：

1. 墙体保温材料增量成本分析

（1）保温材料选用

① 模塑聚苯板（EPS板），导热系数≤0.039W/（m·K），密度18 ~ 22kg/m³；

② 挤塑聚苯板（XPS 板，带表皮），导热系数 ≤0.030W/（m·K），密度 22～35kg/m³；

③ 硬泡聚氨酯板（PU 板），导热系数 ≤0.024W/（m·K），密度 ≥35kg/m³。

（2）保温材料设计厚度 $\delta_{65\%}$（节能 65%）

① 模塑聚苯板（EPS 板）厚度为 50mm；

② 挤塑聚苯板（XPS 板）厚度为 50mm；

③ 硬泡聚氨酯板（PU 板）厚度为 40mm。

（3）保温材料设计厚度 $\delta_{75\%}$（节能 75%）

① 模塑聚苯板（EPS 板）厚度为 100mm；

② 挤塑聚苯板（XPS 板）厚度为 80mm；

③ 硬泡聚氨酯板（PU 板）厚度为 70mm。

（4）设计厚度增加值（$\Delta\delta = \delta_{75\%} - \delta_{65\%}$）及增量成本核算

按节能 75% 计算时所需不同夹芯保温材料的厚度增加值（$\Delta\delta = \delta_{75\%} - \delta_{65\%}$）及增量成本核算。

① 模塑聚苯板（EPS 板）厚度增加值

$\Delta\delta = \delta_{75\%} - \delta_{65\%} = 100 - 50 = 50$（mm）

单位墙体面积增量成本：

B_1 级为 $300 \times (50 \times 10^{-3}) = 15.00$（元/m²）

B_2 级为 $280 \times (50 \times 10^{-3}) = 14.00$（元/m²）

折合至单体建筑单位建筑面积的增量成本：

B_1 级为 $15.00 \times (A_w/A) = 15 \times (8880/16500) = 8.07$（元/m²）

B_2 级为 $14.00 \times (A_w/A) = 14 \times (8880/16500) = 7.53$（元/m²）

② 挤塑聚苯板（XPS 板）厚度增加值

$\Delta\delta = \delta_{75\%} - \delta_{65\%} = 80 - 50 = 30$（mm）；

单位墙体面积增量成本：

B_1 级为 $520 \times (30 \times 10^{-3}) = 15.60$（元/m²）

B_2 级为 $425 \times (30 \times 10^{-3}) = 12.75$（元/m²）

折合至单体建筑单位建筑面积的增量成本：

B_1 级为 $15.60 \times (A_w/A) = 15.60 \times (8880/16500) = 8.40$（元/m²）

B_2 级为 $12.75 \times (A_w/A) = 12.75 \times (8880/16500) = 6.86$（元/m²）

③ 硬泡聚氨酯板（PU 板）厚度增加值

$\Delta\delta = \delta_{75\%} - \delta_{65\%} = 70 - 40 = 30$（mm）；

单位墙体面积增量成本：

B_1 级为 $1450 \times (30 \times 10^{-3}) = 43.50$（元/m²）

B_2 级为 $1050 \times (30 \times 10^{-3}) = 31.50$（元/m²）

折合至单体建筑单位建筑面积的增量成本：

B_1 级为 $43.50 \times (A_w/A) = 43.50 \times (8880/16500) = 23.41$（元/m²）

B_2 级为 $31.50 \times (A_w/A) = 31.50 \times (8880/16500) = 16.95$（元/m²）

（5）墙体保温材料增量成本分析

对墙体保温材料而言，折合至单体建筑单位建筑面积的增量成本如下：

① 采用 EPS 板、XPS 板时为 6.86 ~ 8.40 元/m^2，采用 PU 板时为 16.95 ~ 23.41 元/m^2。

② 墙体工程增量成本主要决定于保温材料本身的市场销售价。

2. 地面保温工程增量成本分析

保温材料选择：挤塑聚苯板（XPS 板）、硬泡聚氨酯板（PU 板）。地面保温层设计厚度：挤塑聚苯板（XPS 板）按节能 65% 和 75% 计算时均采用 20 mm，增量成本为 0；硬泡聚氨酯板（PU 板）按节能 65% 和 75% 计算时均采用 20 mm，增量成本为 0。因此对地面保温工程而言，节能 65% 和 75% 计算时增量成本为 0，折合至单体建筑单位建筑面积的增量成本也为 0，单体建筑没有增量成本。

3. 屋面保温工程增量成本分析

（1）保温材料选择

① 挤塑聚苯板（XPS 板，带表皮），导热系数 ≤ 0.030W/（m·K），密度 22 ~ 35kg/m^3；

② 硬泡聚氨酯板（PU 板），导热系数 ≤ 0.024W/（m·K），密度 ≥ 35kg/m^3。

（2）屋面保温层厚度及增量成本核算

① 按节能 65% 计算时所需保温材料的厚度计算值（$\delta_{65\%}$）

挤塑聚苯板（XPS 板）为 60mm；硬泡聚氨酯板（PU 板）为 50mm。

② 按节能 75% 计算时所需保温材料的厚度计算值（$\delta_{75\%}$）

挤塑聚苯板（XPS 板）为 70mm；硬泡聚氨酯板（PU 板）为 60mm。

（3）厚度增加值（$\Delta\delta = \delta_{75\%} - \delta_{65\%}$）及增量成本核算

① 挤塑聚苯板（XPS 板）厚度增加值 $\Delta\delta = \delta_{75\%} - \delta_{65\%} = 70 - 60 = 10$（mm）

单位屋面面积增量成本：

B_1 级为 520 × （10 × 10^{-3}）＝5.20（元/m^2）

B_2 级为 425 × （10 × 10^{-3}）＝4.25（元/m^2）

折合至单体建筑单位建筑面积的增量成本：

B_1 级为 5.20 × （A_f/A）＝5.20 × （690/16500）＝0.22（元/m^2）

B_2 级为 4.25 × （A_f/A）＝4.25 × （690/16500）＝0.18（元/m^2）

② 硬泡聚氨酯板（PU 板）厚度增加值 $\Delta\delta = \delta_{75\%} - \delta_{65\%} = 60 - 50 = 10$（mm）

单位屋面面积增量成本：

B_1 级为 1450 × （10 × 10^{-3}）＝14.50（元/m^2）

B_2 级为 1050 × （10 × 10^{-3}）＝10.50（元/m^2）

折合至单体建筑单位建筑面积的增量成本：

B_1 级为 14.50 × （A_f/A）＝14.50 × （690/16500）＝0.61（元/m^2）

B_2 级为 10.50 × （A_f/A）＝10.50 × （690/16500）＝0.44（元/m^2）

由于屋面面积所占单体建筑总建筑面积比率越小，增量成本越不明显，屋面保温对高层建筑而言其增量成本并不明显，故折合至单体建筑面积的增量成本为 0.18 ~ 0.61 元/m^2。

4. 防火隔离带增量成本分析

因现浇混凝土夹芯复合墙体自保温系统的外层不燃防护层厚度满足不小于50mm 的要求，符合现行《建筑设计防火规范（2018 年版）》（GB 50016—2014）第6.7.3 条，故无须设置墙面和屋面的防火隔离带，也无该项增量成本。

5. 节能门窗增量成本 （无须设置耐火完整性不低于 0.50h 门窗）

因现浇混凝土夹芯复合墙体自保温系统的外层不燃防护层厚度满足不小于50mm 的要求，符合现行《建筑设计防火规范（2018 年版）》GB 50016—2014 第6.7.3 条，故无须设置耐火完整性不低于0.50h 的节能外门、窗。但是，节能率由65% 提高至75%，门窗单位墙体面积的增量成本为900（节能75%）－600（节能65%）＝300（元/m²）。

折合至单体建筑单位建筑面积的增量成本为

$$300 \times (A_c/A) = 300 \times (2900/16500) = 52.73 （元/m^2）$$

6. 总增量成本核算

① 折合至单体建筑单位面积的墙体保温工程增量成本，其范围为6.86～23.41 元/m²。

② 折合至单体建筑单位建筑面积的地面保温工程增量成本为0。

③ 折合至单体建筑单位建筑面积的屋面保温工程增量成本为0.18～0.61 元/m²。

④ 折合至单体建筑单位建筑面积的节能门窗增量成本为52.73 元/m²。

⑤ 折合至单体建筑单位面积的增量成本总量 = 墙体保温工程增量成本 + 地面保温工程 + 屋面保温工程 + 节能门窗 = 墙体保温工程增量成本 + 屋面保温工程（增量成本占比较低）+ 节能门窗 =（6.86～23.41）+ 0 +（0.18～0.44）+ 52.73 = 59.77～76.58（元/m²）。

由上述分析计算可知，折合至单体建筑单位建筑面积的增量成本总量主要取决于节能门窗工程，其次是墙体保温工程，屋面保温工程占比很小，地面保温工程无增量成本。现浇混凝土夹芯复合墙体自保温系统上述各项增量成本核算汇总表见表3.4。

表 3.4　现浇混凝土夹芯复合墙体自保温系统增量成本分析核算汇总表

序号	项目	保温材料种类		市场均价（元/m³）	节能65%所需厚度 $\delta_{65\%}$	节能75%所需厚度 $\delta_{75\%}$	厚度增加值（$\Delta\delta = \delta_{75\%} - \delta_{65\%}$）	单位建筑面积增量成本
1	墙体保温工程	EPS 板	B₁级	300	50	100	50	8.07
			B₂级	280				7.53
		XPS 板	B₁级	520	50	80	30	8.40
			B₂级	425				6.86
		PU 板	B₁级	1450	40	70	30	23.41
			B₂级	1050				16.95
2	地面保温工程	XPS 板	B₁级	520	20	20	0	0
			B₂级	425				
		PU 板	B₁级	1450	20	20	0	0
			B₂级	1050				

序号	项目		保温材料种类	市场均价（元/m³）	节能65%所需厚度 $\delta_{65\%}$	节能75%所需厚度 $\delta_{75\%}$	厚度增加值（$\Delta\delta = \delta_{75\%} - \delta_{65\%}$）	单位建筑面积增量成本
3	屋面保温工程	XPS板	B₁级	520	60	70	10	0.22
			B₂级	425				0.18
		PU板	B₁级	1450	50	60	10	0.61
			B₂级	1050				0.44
4	防火隔离带			无				
5	耐火完整性0.50h外门窗			无				
6	节能门窗			600元/m²（节能65%）		900元/m²（节能75%）		52.73
7	小结			（1）折合至单体建筑的单位建筑面积总增量成本为59.77～76.58元/m²；（2）折合至单体建筑单位面积的增量成本总量主要取决于节能门窗工程，其次是墙体保温工程，屋面保温工程占比很小，地面保温工程无增量成本。				

3.2.7 建筑外墙保温系统增量成本汇总及结论建议

1. 外墙保温系统增量成本汇总

上述基于寒冷地区山东省某24层住宅建筑分别采用表3.1～表3.4的外墙保温系统时，由节能65%至节能75%的增量成本汇总见表3.5。

表3.5 外墙保温系统增量成本核算汇总表

序号	项目	保温系统	增量成本分析结果
1	外保温系统	有机保温材料外墙外保温薄抹灰系统	（1）折合至单体建筑的单位建筑面积总增量成本为113.55～131.81元/m²；（2）折合至单体建筑单位面积的增量成本总量主要取决于节能门窗工程（包括耐火完整性要求），其次是墙体保温工程，屋面保温工程占比很小，地面保温工程无增量成本
2		无机保温材料外墙外保温薄抹灰系统	（1）折合至单体建筑的单位建筑面积总增量成本为62.05～77.37元/m²；（2）折合至单体建筑单位面积的增量成本总量主要取决于节能门窗工程（无耐火完整性要求），其次是墙体保温工程，屋面保温工程占比很小，地面保温工程无增量成本
3	复合保温模板现浇混凝土墙体自保温系统	FS外模板现浇混凝土复合保温系统	（1）折合至单体建筑的单位建筑面积总增量成本为60.97～67.38元/m²；（2）折合至单体建筑单位面积的增量成本总量主要取决于节能门窗工程（无耐火完整性要求），其次是墙体保温工程，屋面保温工程占比很小，地面保温工程无增量成本

续表

序号	项目	保温系统	增量成本分析结果
4	现浇混凝土夹芯复合墙体自保温系统	IPS 或 CL 夹芯自保温复合现浇墙体	（1）折合至单体建筑的单位建筑面积总增量成本为 59.77 ~ 76.58 元/m²； （2）折合至单体建筑单位面积的增量成本总量主要取决于节能门窗工程，其次是墙体保温工程，屋面保温工程占比很小，地面保温工程无增量成本
5	结论		（1）由节能 65% 至节能 75%，当保温系统不考虑耐火完整性要求节能门窗时，增量成本为 50 ~ 80 元/m²；其中节能门窗增量成本为 40 ~ 60 元/m²； （2）由节能 65% 至节能 75%，当保温系统考虑耐火完整性要求节能门窗时，增量成本为 110 ~ 140 元/m²；其中耐火完整性要求节能门窗增量成本为 50 ~ 70 元/m²； （3）由节能 65% 至节能 75%，除节能门窗外的保温工程增量成本大致不超过 25 元/m²

2. 结论与可行性建议

根据山东某 24 层高层住宅楼项目工程的围护结构增量成本核算和分析研究，大体可以得出如下结论和可行性建议：

（1）寒冷地区居住建筑围护结构由节能 65%，至节能 75%，增量成本为 55 ~ 140 元/m²。

（2）当外墙门、窗无耐火完整性要求时，寒冷地区居住建筑由节能 65% 至节能 75% 的围护结构增量成本为 55 ~ 80 元/m²。

（3）当外墙门、窗有耐火完整性要求时，寒冷地区居住建筑由节能 65% 至节能 75% 的围护结构增量成本为 110 ~ 140 元/m²。

（4）寒冷地区居住建筑由节能 65% 至节能 75%，无耐火完整性要求的节能门窗增量成本为 40 ~ 60 元/m²。

（5）寒冷地区居住建筑节能由 65% 至节能 75%，有耐火完整性要求的节能门窗增量成本为 50 ~ 70 元/m²。

（6）各种外墙保温技术相对而言，采用 A 级保温材料、现浇混凝土夹芯复合墙体自保温系统和复合保温模板现浇混凝土墙体自保温系统的增量成本较低，增量成本为 55 ~ 80 元/m²；采用有机保温材料外墙外保温系统的增量成本较高，增量成本为 110 ~ 140 元/m²。

一言以蔽之，即由节能 65% 至节能 75% 节能门窗不考虑耐火完整性要求时增量成本 55 ~ 80 元/m²，考虑耐火完整性要求时在此基础上再增加 50 ~ 70 元/m²。

（7）尽管寒冷地区内保温技术应用较少，但结合内保温和外保温技术优势，研发应用内外结合的建筑外墙复合保温技术构造方式也不失为今后打造"百年建筑"和解决节能、防火设计问题的新思路。

3.2.8 建筑保温结构一体化技术增量成本分析结论

综上对于寒冷地区山东省居住建筑各类外墙保温技术由节能65%至节能75%的增量成本分析对比结果可见，建筑保温结构一体化技术在工程应用中经济成本分析结论如下：

（1）建筑保温结构一体化技术可不必设置防火隔离带，也不必另行设置耐火完整性不低于0.50h的外墙节能型门窗，省却了需设置耐火完整性要求节能门窗的增量成本50～70元/m²。

（2）折合至单体建筑单位建筑面积的增量成本总量主要取决于节能门窗工程（无耐火完整性要求），其次是墙体保温工程，屋面保温工程占比很小，地面保温工程无增量成本。

（3）采用复合保温模板现浇混凝土墙体自保温系统时，折合至单体建筑单位建筑面积的增量成本总量为60.97～67.38元/m²。

（4）采用现浇混凝土夹芯复合墙体自保温系统时，折合至单体建筑单位建筑面积的增量成本总量为59.77～76.58元/m²。

（5）尽管建筑保温结构一体化技术由节能65%至节能75%增量成本较低，但从总体建安成本方面考虑，建筑保温结构一体化技术较外墙外保温技术或内保温技术相对成本要高，现浇混凝土夹芯复合墙体自保温系统比复合保温模板现浇混凝土墙体自保温系统建安成本要高。

参考文献

［1］中华人民共和国住房和城乡建设部.建筑设计防火规范：GB 50016—2014［S］.北京：中国建筑工业出版社，2014.

［2］陈一全，刘冉，等.寒冷地区居住建筑基于节能75%和防火设计要求的围护结构节能技术经济成本分析与研究［J］.墙材革新与建筑节能，2017.11：62-64.

［3］陈一全，刘冉，等.寒冷地区居住建筑基于节能75%和防火设计要求的围护结构节能技术经济成本分析与研究［J］.墙材革新与建筑节能，2017.12：44-53.

第4章 北方寒冷地区建筑保温结构一体化技术应用

4.1 术语定义与技术特征

4.1.1 术语定义

（1）节能与结构一体化技术

"保温结构一体化技术"起初被称为"节能与结构一体化技术"，其最早出现在住房城乡建设部建筑节能与科技司于2009年5月21日至22日在北京召开的"新型建筑结构体系——节能与结构一体化技术研讨会"上。10年前，随着建筑节能工作的全面推进和不断深化，我国住房城乡建设事业科技进步和技术创新能力不断加强，建筑结构体系呈多样化发展趋势，尤其是抗震、节能、防火和安全等方面对不同形式的建筑保温技术体系提出了更高要求，此时节能与结构一体化技术已成为结构体系发展和应用的重要方向，这不仅丰富了建筑节能技术体系的发展应用，也有助于解决建筑保温体系与主体结构的同寿命使用问题。需要指出的是，建筑节能与结构一体化技术中的所谓的"建筑节能"是一个较为狭义的概念，仅仅指其建筑保温效果和墙体节能设计指标，不同于我们常见的包括能源节约在内的"建筑节能"概念。朱洪祥主编的《建筑节能与结构一体化技术及应用》（中国建筑工业出版社，2013年）一书中，将"建筑节能与结构一体化技术"定义为"集建筑保温功能与墙体围护功能于一体，墙体不需要另行采取保温措施即可满足现行建筑节能标准要求，实现保温与墙体同寿命的建筑节能技术"，同时也对节能结构一体化技术的含义有了相对明确的界定，即节能结构一体化技术是对建筑结构墙体自保温技术更形象的一种称谓，它不是特指某一项节能技术或某一种节能体系，是一个宽泛的概念[1]。

（2）保温结构一体化技术

因此，对于保温结构一体化技术特征的准确描述宜为"集建筑保温与墙体围护功能于一体，能够实现保温层与建筑结构同步施工完成的构造技术"。同时在国家标准《建筑节能基本术语标准》（GB/T 51140—2015）中指出，保温结构一体化体系具有工序简单、施工方便、安全性能好、与建筑物同寿命等优点，是建筑节能技术发展的重要方向[2]。因此本书采用"保温结构一体化技术"术语，且尽可能在技术特征和适用范围方面与现行国家标准保持高度一致，以适应生产、设计、施工、验收、监理和管理人员的实际应用需要。

4.1.2 技术特征

（1）节能与结构一体化技术

朱洪祥主编的《建筑节能与结构一体化技术及应用》（中国建筑工业出版社，2013

年）也对节能与结构一体化技术的内涵做了介绍，并且明确指出应包括三个方面的内容：①建筑墙体保温应与结构同步施工，即建筑主体结构将保温材料与结构融为一体，同时保温层外侧应有足够厚度的防护层，这主要是出于防火设计需要。②施工后结构外墙体无须再做保温即能满足现行节能标准要求，即实现复合墙体自保温要求。③能够实现建筑保温与墙体同寿命，也就是说保温系统与主体结构的同寿命使用。同时也提到，节能与结构一体化技术的具体要求是指集结构、围护、保温三个功能于一体，实现了墙体保温与结构的同步设计、同步施工和验收，不需要另行采取二次保温措施，即可满足节能设计标准要求，并对该项技术的应用效果和价值，意义进行了描述，主要表现在可有效地解决墙体保温工程开裂、脱落等质量问题，同时避免了消防安全隐患，从而达到了建筑保温与墙体同寿命的目的。同时，该书也将建筑节能与结构一体化技术特点主要概括为四个方面：①建筑保温与墙体同寿命；②集部品与结构防火于一体；③保温工程质量安全可靠；④有利于建筑节能产业化发展[1]。

（2）保温结构一体化技术

根据现行国家标准《建筑节能基本术语标准》（GB/T 51140—2015）第 3.1.7 条对"保温结构一体化"的定义"保温层与建筑结构同步施工完成的构造技术"，可见在技术特征上，该类技术的一个重要特征是"保温层与建筑结构同步施工"，因此也可将该类技术称为"墙体自保温技术"或"自保温墙体技术"。

很明显的对比便是，外保温技术和内保温技术均是在基层墙体施工结束之后再行采取保温措施达到墙体节能保温以及防火设计的目的，而一体化技术侧重"同步施工"，实质上是在施工工序上的区别和对比。其实这还是与以往推广宣传的"建筑节能与结构一体化技术"有区别的，区别在于原"建筑节能与结构一体化技术"的界定需要同时满足三个条件：一是建筑墙体保温应与结构同步施工，同时保温层外侧应有足够厚度的混凝土或其他无机材料防护层；二是施工后结构保温墙体无须再做保温即能满足现行节能标准要求；三是能够实现建筑保温与墙体同寿命。但是，结合现有应用技术来看，能够真正满足以上三个条件的一体化技术很少，如 CL 类和 IPS 类夹芯保温现浇墙体体系可基本满足上述三点要求，但对于外模板类一体化技术，有的保温模板外侧需要做找平抹面保温构造（如 FS 类），同时其构造类似所谓的后抹灰外保温技术，只是实现了保温层构造作为外模板使用以及保温层与现浇墙体同步施工，至于实现保温层与结构墙体的同寿命使用，好像很有难度，也是目前争议较大的焦点问题。因此，在目前墙体保温与结构一体化技术的发展应用方面，要重点侧重其技术特征方面的"保温层与建筑结构同步施工完成的构造技术"，即《建筑节能基本术语标准》（GB/T 51140—2015）第 3.1.7 的术语规定，尽可能满足墙体应用的其他功能要求，在此基础之上，进一步研究如安全性、耐久性和使用年限研究等的适用性和可行性，如建筑保温系统的设计使用年限和保温结构一体化技术的设计使用年限理论研究等工作。

因此，本书特别指出，现阶段保温结构一体化技术应明确其"设计使用年限"，而不应笼统地提及"保温与建筑物同寿命使用"，建筑保温系统应基于国家标准《建筑结构可靠性设计统一标准》（GB 50068—2018）明确其可靠度指标 β，并在其基础上确定其合理的"设计使用年限"，这才能更好地体现保温结构一体化技术现阶段的技术特征和应用特点。

4.2　建筑保温结构一体化技术类型划分

4.2.1　建筑节能与结构一体化技术的四大类型

朱洪祥主编的《建筑节能与结构一体化技术及应用》（中国建筑工业出版社，2013年）将节能与结构一体化技术主要分为四大类，称之为"节能与结构一体化技术四大类"[1]。节能与结构一体化技术的四大类型如下：

1. 现浇混凝土结构复合墙体保温体系

现浇混凝土结构复合墙体保温体系主要包括 CL（Composite-Light）建筑结构保温体系、IPS（Insulation Panel with Steel mesh）现浇混凝土剪力墙复合网架保温板体系和 FS（Formwork-System）外模板现浇混凝土复合保温体系。

2. 砌体自保温体系

砌体自保温体系是以满足现行建筑节能设计标准要求的复合自保温砌块（砖）为墙体围护材料，采用薄灰缝或专用砂浆砌筑，梁、柱等热桥部位采用耐久性好的复合保温板同时浇筑一起后形成的结构自保温体系，分为非承重砌体自保温体系和承重砌体自保温体系两种。常用自保温砌块主要包括山东省地方标准《非承重砌块墙体自保温系统材料》（DB37/T 2649—2015）提及的 4 种，如混凝土复合自保温砌块、烧结复合自保温砌块、发泡混凝土自保温砌块、粉煤灰多排孔自保温砌块等；承重砌体主要包括承重混凝土自保温多孔砖、承重混凝土自保温砌块等。需要注意的是，这里强调梁、柱等热桥部位复合保温板与砌体自保温体系共同组成一体化建筑保温体系。

3. 夹芯砌体结构复合保温体系

夹芯砌体结构复合保温体系是以普通砖、多孔砖等为墙体砌筑材料，墙体设置外叶墙（非承重）和内叶墙（承重），中间为夹芯保温层，辅以节点部位保温构造措施后形成的保温结构体系，其夹芯保温砌体砌筑材料包括普通砖（烧结砖、蒸压砖、混凝土砖）、多孔砖（烧结多孔砖、蒸压多孔砖、混凝土多孔砖）、多孔砌块等新型墙体材料，夹芯保温材料包括现场浇注脲醛树脂（UF）泡沫材料、聚苯板（EPS）、挤塑板（XPS）、硬泡聚氨酯板（PU）等。其实这类技术内容已在国家标准《砌体结构设计规范》（GB 50003—2011）中涵盖。

4. 装配式混凝土复合墙板保温体系

装配式混凝土复合墙板保温体系包括 AESI 装配式墙板自保温体系和 SK 装配式墙板自保温体系等，主要是指将工厂化预制复合保温墙板直接安装固定在钢结构或钢筋混凝土结构而形成外挂式一体化保温体系，同时在施工工艺方面，预制复合保温墙板既可与框架梁、柱一体浇筑，也可后置安装固定。

4.2.2　建筑保温结构一体化技术的"新四大类"划分

1. 新旧"四大类"划分区别

现行国家标准《建筑节能基本术语标准》（GB/T 51140—2015）第 3.1.7 条文说明

中指出，保温结构一体化技术主要包括：①自保温结构体系（包括非承重和承重砌块墙体）；②夹芯复合墙保温结构体系；③现浇钢筋混凝土结构复合保温体系（如 CL 建筑结构体系、保温砌模现浇混凝土剪力墙承重技术、模网技术等）。同时指出其建筑材料主要包括加气混凝土砌块、普通混凝土空心砌块、实心或空心式炉（矿）渣混凝土砌块、实心或空心式陶粒混凝土砌块、页岩空心砖、黏土空心砖等。同时指出，对于部分地区采用的夹芯式复合墙体（两侧外叶部位保温能力较差，内侧采用空气隔层或一层及以上隔热绝热性能优良的保温材料）也属于保温结构一体化技术[2]。本书出于工程应用实际需要，本着方便读者应用的目的和业内熟知的工程概念，依然沿用"节能与结构一体化技术"分类中的四大技术类型，也称为"新四大类"，但稍有区别，主要是将原第一大类"现浇墙体体系"根据其复合墙体施工工艺不同而区分为两大类：①夹芯保温类现浇混凝土一体化技术；②免拆复合保温外模板类现浇混凝土一体化技术。同时因"节能与结构一体化技术"中"砌体自保温体系"与"夹芯砌体结构复合保温体系"的墙体材料均属砌体结构材料，故统一合并为新的"自保温砌体类一体化技术"。依然沿用原装配式墙板体系内容，但不仅仅限于钢筋混凝土材料为主，而称为新的"装配式预制墙体类一体化技术体系"。

2. 建筑保温结构一体化技术的"新四大类"划分

基于以上区别，本书将"保温结构一体化技术"本着实用和方便的原则，重新划分保温结构一体化技术的"新四大类"，本书主要就 5 类夹芯保温类现浇混凝土一体化技术、6 类有机保温材料和 4 类无机保温材料共 10 类免拆复合保温外模板类现浇混凝土一体化技术、4 类装配式预制墙体类一体化技术体系和 4 类自保温砌体类一体化技术的技术特征和系统构造进行对比分析及详述。主要列举如下：

（1）夹芯保温类现浇混凝土一体化技术

本书所列举主要典型技术体系有以下 5 类：

① CL（Composite Light-weight Building System）夹芯保温现浇墙体自保温体系；

② IPS（Insulation Panel with Steel-mesh）现浇混凝土剪力墙自保温系统；

③ SW 钢网夹芯板现浇钢筋混凝土墙体自保温系统；

④ CCW 钢丝网架板现浇钢筋混凝土墙体自保温系统；

⑤ RQB 现浇混凝土内置钢丝网架保温板系统。

（2）免拆复合保温外模板类现浇混凝土一体化技术

根据其复合保温外模板所用内部部位芯材燃烧性能等级的不同，又可细分为两类：一是有机保温材料复合外模板一体化技术；二是有机保温材料复合外模板一体化技术。本书所列举的典型免拆复合保温外模板类现浇混凝土一体化技术共 10 类，对比分析如下。

主要的典型有机保温材料复合外模板一体化技术体系有以下 6 类：

① FS 外模板现浇混凝土墙体保温系统；

② CT 外模板现浇混凝土墙体保温系统；

③ FW 外模板现浇混凝土墙体保温系统；

④ PSI 板现浇混凝土无空腔复合墙体保温系统（LJS 叠合板现浇混凝土复合保温系统）；

⑤ DH 外模板现浇混凝土墙体保温系统；

⑥ MW 外模板现浇混凝土墙体保温系统。

主要的典型无机保温材料复合外模板一体化技术体系有以下 4 类：

① SR 外模板现浇混凝土墙体保温系统；

② SMXT 外模板现浇混凝土墙体保温系统；

③ KP 外模板现浇混凝土墙体保温系统；

④ 钢板网复合真空绝热板建筑保温系统。

（3）装配式预制墙体类一体化技术体系

主要的典型技术体系有以下 4 类：

① LQ 装配式混凝土复合墙板；

② DH 预拼装复合保温轻质外墙板；

③ JS 装配式保温装饰一体化墙板；

④ YB 装配式轻质装饰保温外墙板（秸秆）。

（4）自保温砌体类一体化技术

主要的典型技术体系有以下 4 类：

① 非承重复合自保温砌块；

② 自保温蒸压加气混凝土砌块；

③ 蒸压瓷粉加气混凝土砌块；

④ 混凝土夹芯秸秆砌块。

3. 建筑保温结构一体化技术的"新四大类"分类原则

"新四大类"分类原则主要是基于建筑外墙受力状态和墙体材料类型的。建筑保温结构一体化技术主要应用于建筑外墙，目的是实现墙体围护、冬季节能保温和夏季防晒隔热。根据其墙体受力状态主要分为承重类墙体保温一体化技术和非承重类墙体保温一体化技术。承重类墙体主要是现浇钢筋混凝土墙体和砌筑类砌体墙体。非承重类墙体主要包括常见的砌筑类非承重砌块、预制外墙板、现浇混凝土或轻骨料墙体、轻钢龙骨复合墙体等。

4.2.3　建筑保温与结构一体化技术类型、典型代表、应用特点、适用范围及存在问题

目前北方寒冷地区常用的建筑保温与结构一体化技术主要类型、应用特点及适用范围、注意事项及存在问题可参见表 4.1。鉴于现阶段保温与结构一体化应用技术体系不仅仅包括建筑外墙，还包括屋面体系、内隔墙体系、内承重剪力墙体系等，本书仅就建筑外墙保温体系中涉及的建筑节能、热工、结构和防火要求的建筑"外墙"保温与结构一体化技术进行比较分析和研究探讨。

为便于分析比较，本书重点选取"新四大类"中的"新三大类"即①夹芯保温类现浇复合墙体；②外模板现浇复合墙体；③预制装配式保温墙体一体化技术进行探讨比较和研究分析。鉴于目前业内对建筑保温与一体化技术的热工节能设计、施工和验收要求已较为熟悉，且大同小异，为进一步给研发、生产和设计等人员提供方便，本书主要就现阶段出现的各类常见保温结构一体化技术特征进行横向对比分析，主要目

表 4.1 寒冷地区主要应用的建筑保温与结构一体化技术、应用特点、适用范围、注意事项及存在问题

外墙受力状态	外墙材料类型	保温层使用部位及作用	技术体系类型	应用特点及适用范围	注意事项及存在问题
承重类外墙保温结构一体化技术	钢筋混凝土墙体（现浇类）	夹芯保温类（芯材B级）— B级芯材	CL、IPS、CCW、SW、RQB 等夹芯保温构造体系	预制钢丝网架作为芯材+两侧混凝土墙体；无须设置防火隔离带和耐火窗；安全耐火性好	斜插丝较多，工期较长；外侧混凝土墙厚≥50mm
		夹芯保温类（芯材B级）— B级芯材	FS、FW、CT、LJS、JC、MW 等外模板体系	厚抹灰找平+保温模板+承重混凝土墙体；无须设置防火隔离带和耐火窗	模板外侧采用厚抹灰二次施工；芯材不燃厚度≥50mm
		免拆保温外模板类 — A级芯材	SR、SMXT、KP、JC、MW 等保温体系外模板体系	保温模板较薄，外侧找平厚度小；保温体系均为A级材料；无须防火隔离带和耐火窗	真空绝热板完整性；预留连接件位置
		免拆保温外模板类 — 无网模板	FS、FW、CT、JC、SR、SMXT 等保温外模板体系	模板各构造层为分离式粘结形式；无须防火隔离带和耐火窗	模板与基层墙体仅采用连接件固定
		免拆保温外模板类 — 有网模板	LJS、MW、PSI 等保温外模板体系	模板内置钢筋钢丝网架或钢丝网片；与主体结构通过斜插丝及连接件固定；无须防火隔离带和耐火窗	斜插丝较多，工期较长
		现浇类	平板式模块夹芯保温系统	现浇墙体+夹芯内置EPS平板模块+50mm厚防护层；无须防火隔离带和耐火窗	夹芯内置EPS平板模块外侧防护层厚度≥50mm
		预制EPS模块类（B级）	免拆EPS模块内置现浇混凝土墙体薄抹灰系统薄模板泡沫玻璃模块防火隔离带+耐火窗	（EPS模块+泡沫玻璃模块防火隔离带）薄抹灰系统	需根据防火规范另行设置防火隔离带和耐火窗
		预制EPS模块类（B级）	空腔EPS模块内置现浇混凝土墙厚抹灰系统	空腔EPS模块+内置现浇混凝土墙体；靠近室外侧采用15mm厚抹灰构造	需根据防火规范另行设置防火隔离带和耐火窗；或适用于3层及以下
		预制EPS模块类（B级）	轻钢芯肋墙体厚抹灰系统	钢柱+空心聚苯模块+20mm厚抹灰构造	需根据防火规范另行设置防火隔离带和耐火窗；钢柱需采取防火措施
	预制类	夹芯保温类（B级）— 外墙粘贴聚苯模块墙体系统	粘锚结合式外墙保温系统	EPS模块薄抹灰外保温系统；与基层墙体采用粘锚结合连接方式	需根据防火规范另行设置防火隔离带和耐火窗；注意有效粘结面积比
	预制类	点框粘方式内保温系统	点框粘方式内保温系统	EPS模块内保温系统；与基层墙体采用点框粘连接方式	不低于B_1级，防护层厚度≥10mm；人员密集所等重要部位应为A级

续表

外墙受力状态	外墙材料类型		保温层使用部位及作用	技术体系类型	应用特点及适用范围	注意事项及存在问题
承重类保温与结构一体化技术	钢筋混凝土墙体	预制类	夹芯保温类（B级）	预制装配式钢筋混凝土夹芯保温墙体	预制（200mm 厚混凝土剪力墙 + B 级芯材 + 50mm 厚细石混凝土防护墙）；无须防火混凝土隔离带和耐火窗	因自重太大，吊装和施工难度大
	砌筑类砌体结构墙体		夹芯保温类（B级）	夹芯保温复合砖（烧结类、蒸压类等）砌体结构体系	外叶墙砌体 + B 级芯材 + 内叶墙体；无须防火混凝土隔离带和耐火窗	现场砌筑施工；外叶墙与墙高需拉结 MU10；内外叶墙需高拉结
	砌筑类砌体结构墙体		夹芯保温类（B级）	承重混凝土多孔砖自保温结构体系	复合自保温多孔砖（外叶混凝土多孔砖 + B 级芯材 + 20mm 厚内叶）；无须防火混凝土隔离带和耐火窗	适用于多层砌体结构
非承重类外墙保温与结构一体化技术	钢筋混凝土墙体	现浇类	夹芯保温类（B级）	CL、IPS、CCW、SW、RQ 等体系填充墙	现浇 50mm 混凝土 + B 级保温芯材 + 现浇 50mm 混凝土；无须防火混凝土隔离带和耐火窗	现浇混凝土施工较烦琐，工期较长；作为承重自保温体系配套构件使用
	钢筋混凝土墙体	预制类	夹芯保温类（B级）	预制非承重混凝土自保温墙体	预制（50mm 混凝土 + B 级保温芯材 + 50mm 混凝土）；无须防火混凝土隔离带和耐火窗	自重较大，吊装不便；作为承重自保温体系配套构件使用
	砌筑类自保温砌块墙体		免拆外模板类	FS、FW 类外模板自保温复合砌块	保温外模板 + 砌块；无须防火混凝土隔离带和耐火窗	建筑外立面墙体的协调一致；采用专用砌筑和抹面砂浆
			夹芯保温类（B级）	自保温混凝土复合砌块	砌块复合保温芯材形式包括夹芯复合型、注塑复合型、填充复合型、浇筑复合型等；无须防火混凝土隔离带和耐火窗	建筑外立面墙体的协调一致；采用专用砌筑和抹面砂浆
				自保温烧结复合砌块		
				自保温发泡混凝土复合砌块		
				自保温发泡混凝土复合砌块		
		自保温蒸压加气混凝土砌块		蒸压加气混凝土砌块	复合注塑聚苯乙烯或复合真空绝热板；200~250mm 厚可满足节能 75%；无须防火混凝土隔离带和耐火窗	建筑外立面墙体的协调一致；采用专用砌筑和抹面砂浆
				蒸压瓷粉加气混凝土砌块	B05 或 B06 级 200~250mm 厚可满足 75% 节能；A 级无须防火混凝土隔离带和耐火窗	建筑外立面墙体的协调一致；采用专用砌筑和抹面砂浆

外墙受力状态	外墙材料类型	保温层使用部位及作用	技术体系类型	应用特点及适用范围	注意事项及存在问题
		自保温蒸压加气混凝土墙板	蒸压瓷粉加气混凝土墙板	B05 或 B06 级 200～250 厚可满足节能 75%；无须复合保温材料；A级；无须防火隔离带和耐火窗	与主体结构采用外挂、内嵌或半内嵌方式连接；需另做饰面层
非承重类外墙与保温结构一体化技术	预制装配式墙板类	类似装配式蒸压加气质技术一体化产品	FK轻型预制装配式墙板（非一体化产品，装配式技术）	50mm厚ALC＋纤维板＋岩棉（轻钢龙骨）＋75mm厚ALC（轻钢龙骨）＋面纤维板＋50mm厚ALC	现场组装，施工烦琐
		预制装配式墙板类 产品	FR装配式复合墙板（半一体化产品，装配式技术）	FR预制保温装饰板＋轻钢龙骨（复合保温芯材）	二次现场安装，施工烦琐；视芯材类别进行防火设计
			JS装配式结构与保温一体化墙体	工厂预制单元板块，现场组装开间式墙板；岩棉芯材；集保温、装饰、节能防火	面密度较低，尤其适用于非透明幕墙建筑等高层及超高层公共建筑
		预制装配式夹芯保温类装饰一体化墙板	YB装配式轻质装饰保温外墙板（桁杆）	农作物桁杆作保温芯材；集保温、装饰、结构于一体；无须防火隔离带和耐火窗	采用混凝土墙板，自重偏大
			装配式保温装饰与结构一体化墙板	渐变式复合保温构造＋轻钢骨架结构体；集保温、装饰、结构于一体；无须防火隔离带和耐火窗	面密度较高，同时满足冬季保温和夏季隔热；适用于各类民用建筑外墙
		预制装配式内保温类墙板	钢筋桁架叠合预制墙板	50mm钢筋桁架叠合层＋芯材＋10mm内防护层；内保温构造；钢筋桁架混凝土受力框体	楼层梁高范围的热桥部位保温处理

的在于区别不同一体化技术的构造特征。目前各类建筑保温结构一体化技术鱼龙混杂、名称各异、宣传不一、难以明辨，使得工程应用人员尤其是一线设计人员难以区分，造成应用上极大困扰和不便，因此非常有必要对其各自不同技术的工程实用性和直接应用给予必要的点拨性指导和明晰性介绍，这也是本书不同于其他类一体化技术书籍的地方，也是本书的主要侧重点所在。

本书重点针对北方寒冷地区典型应用及常见的 5 类夹芯保温类现浇混凝土一体化技术、6 类有机保温材料和 4 类无机保温材料共 10 类免拆保温外模板类现浇混凝土一体化技术、常用自保温砌块类一体化技术和 4 类装配式预制墙体类一体化技术体系，从其各自系统构造、技术特征、应用类型、发展过程、适用范围及存在问题等各方面进行详细探析和研究对比，并进一步针对现阶段寒冷地区民用建筑高节能要求和防火设计特点，得出现阶段适宜北方寒冷地区建筑保温与结构一体化技术的发展应用策略和结论建议[3]。

4.3　夹芯保温类现浇混凝土一体化技术系统构造及技术特征

本书选取 5 类较为典型的夹芯保温类现浇混凝土一体化技术作代表，分别就其系统构造及技术特征进行介绍，主要是：①CL（Composite Light-weight Building System）夹芯保温现浇墙体自保温体系；②IPS（Insulation Panel with Steel-mesh）现浇混凝土剪力墙自保温系统；③SW 钢网夹芯板现浇钢筋混凝土墙体自保温系统；④CCW 钢丝网架板现浇钢筋混凝土墙体自保温系统；⑤RQB（睿利特）现浇混凝土内置钢丝网架保温板系统。

4.3.1　CL 夹芯保温现浇墙体自保温体系

CL 建筑结构体系"Composite Light-weight Building System"也称复合保温钢筋焊接网架混凝土剪力墙"Concrete shear wall with composite heat insulation welded steel frame"，是由 CL 网架保温板和两侧混凝土墙体组成，因此 CL 建筑体系系统构造包括现浇剪力墙系统和现浇填充墙系统两类，其系统构造分别见表 4.2 和表 4.3。

表 4.2　CL 现浇剪力墙自保温体系

	系统构造层名称	主要组成材料	系统构造简图
①	饰面层	涂装饰面或面砖饰面	
②	找平层	水泥砂浆找平	
③	防护层	≥50mm 厚细石混凝土 + φ3@50 冷拔低碳钢丝焊接网	
④	CL 钢丝网架保温板	XPS、PU 等 B 级保温材料	
		φ3@50 焊接网 + φ3@150 剪刀式交叉斜丝腹筋（连续排列方式，腹筋与焊接网交汇点重合）	
⑤	基层	现浇钢筋混凝土剪力墙	

表 4.3　CL 现浇非承重填充墙自保温体系

系统构造层名称		主要组成材料	系统构造简图
①	饰面层	涂装饰面或面砖饰面	
②	找平层	水泥砂浆找平	
③	防护层	≥50mm 厚细石混凝土 + φ3@50 镀锌钢丝网片	
④	钢丝网架保温芯材层	XPS、PU 等 B 级保温材料	
		φ3@50 焊接网 + φ3@150 剪刀式交叉斜丝腹筋（连续排列方式，腹筋与焊接网交汇点重合）+ φ3@50 焊接网	
⑤	基层	50～100mm 厚细石混凝土 + φ3@50 冷拔低碳钢丝焊接网	

4.3.2　IPS 现浇混凝土剪力墙自保温系统

IPS（Insulation Panel with Steel-mesh）现浇混凝土剪力墙自保温系统也分为现浇剪力墙系统和现浇填充墙系统两类，同样由 IPS 板、内侧剪力墙和外侧的混凝土防护层构成，其系统构造分别见表 4.4 和表 4.5。除了应用方面的技术特点外，在系统构造方面同 CL 体系相比的最大区别在于引入另一种"直腹筋"组成钢丝网架保温板，同时也对腹筋间距、腹筋与两侧连接的钢丝网片焊接位置进行了调整，无论直腹筋还是斜腹筋，在排列方式上均在外观上表现为"隔一拉一"连接，而不是像 CL 体系的腹筋在排列方式上是依次顺序连续排列，也就是说，除了可选择直腹筋外，两者斜腹筋的连接位置和斜腹筋倾角及长度发生了变化。其实，两者在施工工艺和应用特征上没有实质的根本性差异和区别。

表 4.4　IPS 现浇剪力墙自保温体系

系统构造层名称		主要组成材料	系统构造简图
①	饰面层	涂装饰面或面砖饰面	
②	找平层	水泥砂浆找平	
③	防护层	50mm 厚细石混凝土 + φ3@75 镀锌钢丝网片	
④	钢丝网架保温芯材层（IPS 板）	XPS、PU 等 B 级保温材料	
		φ3@75 焊接网 + φ3@150 剪刀式交叉斜丝腹筋或直腹筋（隔一拉一排列方式；直腹筋焊接网交汇点重合，斜腹筋与焊接网交汇点不重合）+ φ3@50 焊接网	
⑤	基层	现浇钢筋混凝土剪力墙	

表 4.5　IPS 现浇非承重填充墙自保温体系

系统构造层名称		主要组成材料	系统构造简图
①	饰面层	涂装饰面或面砖饰面	
②	找平层	水泥砂浆找平	
③	防护层	50mm 厚细石混凝土 + φ3@75 镀锌钢丝网片	
④	钢丝网架保温芯材层（IPS 板）	XPS、PU 等 B 级保温材料	
		φ3@75 焊接网 + φ3@150 剪刀式交叉斜丝腹筋或直腹筋（隔一拉一排列方式；直腹筋与焊接网交汇点重合，斜腹筋与焊接网交汇点不重合）+ φ3@75 焊接网	
⑤	基层	50mm 厚细石混凝土 + φ3@75 镀锌钢丝网片	

4.3.3　SW 钢网夹芯板现浇钢筋混凝土墙体自保温系统

SW 钢网夹芯板现浇钢筋混凝土墙体自保温系统也称 SW 夹模喷涂现浇体系，所谓"夹模喷涂"是指对于保温板外侧的 60mm 厚细石混凝土可采用"现浇"施工方式也可采用"夹模喷涂"工艺方式予以施工，并不是都采用"夹模喷涂"施工技术特征。当然，需要说明和注意的一点是，对于 CL 和 IPS 体系来讲，夹模施工工艺也同样适用，也不是技术问题。同样地，就 CL 体系、IPS 体系和 SW 体系进行系统构造比较，其最大的不同之处在于钢丝网架没有采用直腹筋形式或者交叉斜腹筋形式与基层现浇墙体连接，而是采用内侧钢网与外侧钢网通过连续式波浪状斜腹丝可靠连接组成立体网架保温板，同时对于非承重外墙的内侧基层部位采用双网构造。因此，其保温系统也分为现浇剪力墙系统和现浇填充墙系统两类，其系统构造分别见表 4.6 和表 4.7。

表 4.6　SW 现浇剪力墙自保温体系

系统构造层名称		主要组成材料	系统构造简图
①	饰面层	涂装饰面或面砖饰面	
②	找平层	水泥砂浆找平	
③	防护层	50mm 厚混凝土 + ϕ^b3@50 冷拔镀锌钢丝焊接网	
④	保温层（SW 钢网夹芯板）	EPS、XPS 或岩棉等保温材料	
		ϕ^b3@50 焊接网 + 连续波纹状 W 或 V 形斜丝腹筋（ϕ^b4@200 镀锌钢丝；腹筋与焊接网交汇点重合）+ ϕ^b3@100 焊接网	
⑤	基层	现浇钢筋混凝土剪力墙	

表 4.7　SW 现浇非承重填充墙自保温体系

系统构造层名称		主要组成材料	系统构造简图
①	饰面层	涂装饰面或面砖饰面	
②	找平层	水泥砂浆找平	
③	防护层	60mm 厚细石混凝土 + $\phi^b4@100$ 冷拔镀锌钢丝焊接网	
④	保温层（SW 钢网夹芯板）	EPS、XPS 或岩棉等保温材料	
		$\phi^b4@50$ 焊接网 + 连续波纹状 W 或 V 形斜丝腹筋（$\phi^b4@200$ 镀锌钢丝；腹筋与焊接网交汇点重合）+ $\phi^b4@50$ 双层（主、副）焊接网	
⑤	基层	≥80mm 厚细石混凝土 + $\phi^b4@50$ 双层（主、副）冷拔镀锌钢丝焊接网	

4.3.4　CCW 钢丝网架板现浇钢筋混凝土墙体自保温系统

CCW 现浇混凝土剪力墙自保温系统也分为现浇剪力墙系统和现浇填充墙系统两类，其系统构造分别见表4.8和表4.9。同 CL 体系和 IPS 体系相比，在系统构造方面，其最大的不同点在于，主要表现在两个方面，一是钢网片采用单层网，通过专用的塑料定位件连接保温板与外侧防护层内的钢丝网并实现保温层与钢丝网之间的准确定位；二是 CCW 钢丝网架板没有腹筋或斜腹丝与现浇基层墙体连接，而是采用角钢构件连接外侧 50mm 混凝土防护层、CCW 钢丝网架板和内侧基层现浇墙体。尽管在起步阶段其保温体系以幕墙名称出现，但其技术特征应属于夹芯保温类现浇复合墙体，而不是幕墙保温体系。

表 4.8　CCW 现浇剪力墙自保温体系

系统构造层名称		主要组成材料	系统构造简图
①	饰面层	涂装饰面或面砖饰面	
②	找平层	水泥砂浆找平	
③	防护层	≥50mm 厚细石混凝土 + $\phi^{cp}4@100$ 冷拔光面钢筋焊接网 +（角钢连接件）	
④	保温层（CCW 钢丝网架板）	EPS、XPS 等 B 级保温材料	
		专用塑料定位连接件 + 保温板 + $\phi^{cp}4@100$ 冷拔光面钢筋焊接网 +（角钢连接件）	
⑤	基层	现浇钢筋混凝土剪力墙 +（角钢连接件）	

表 4.9　CCW 现浇非承重填充墙自保温体系

系统构造层名称		主要组成材料	系统构造简图
①	饰面层	涂装饰面或面砖饰面	
②	找平层	水泥砂浆找平	
③	防护层	≥50mm 厚细石混凝土 + φ^{cp}4@100 冷拔光面钢筋焊接网 + (角钢连接件)	
④	保温层 (CCW 钢丝网架板)	EPS、XPS 或岩棉等保温材料	
		专用塑料定位连接件 + 保温板 + φ^{cp}4@100 冷拔光面钢筋焊接网 + (角钢连接件)	
⑤	基层	≥50mm 厚细石混凝土 + φ^{cp}4@100 冷拔光面钢筋焊接网 + (角钢连接件)	

4.3.5　RQB 现浇混凝土内置钢丝网架保温板系统

RQB 现浇混凝土内置钢丝网架保温板系统在构造特征上类似于 CCW 系统，其主要区别在于其定位连接件的不同，其防护面层内的钢筋网是通过卡片式扣接方式与保温板连接在一起，同时采用了塑料连接件来实现钢丝网架板与基层现浇墙体的连接构造。同样，其系统也包括现浇剪力墙系统和现浇填充墙系统两类，见表 4.10 和表 4.11。

表 4.10　RQB 现浇剪力墙自保温体系

系统构造层名称		主要组成材料	系统构造简图
①	饰面层	涂装饰面或面砖饰面	
②	找平层	水泥砂浆找平	
③	防护层	50~60mm 厚细石混凝土 + φ3@50×50 镀锌钢丝网 + 卡片式扣接塑料定位连接件	
④	保温层 (CCW 钢丝网架板)	EPS、XPS 或 GPES 等 B 级保温材料	
		专用定位连接件 + 保温板 + φ3@50×50 镀锌钢丝网	
⑤	基层	现浇钢筋混凝土剪力墙 + 卡片式扣接塑料定位连接件	

表 4.11 RQB 现浇非承重填充墙自保温体系

系统构造层名称		主要组成材料	系统构造简图
①	饰面层	涂装饰面或面砖饰面	
②	找平层	水泥砂浆找平	
③	防护层	50～60mm 厚细石混凝土 + φ3@50×50 镀锌钢丝网 + 卡片式扣接塑料定位连接件	
④	保温层（CCW 钢丝网架板）	EPS、XPS 或 GPES 等 B 级保温材料	
		专用定位连接件 + 保温板 + φ3@50×50 镀锌钢丝网	
⑤	基层	50～60mm 厚细石混凝土 + φ3@50×50 镀锌钢丝网 + 卡片式扣接塑料定位连接件	

4.4 免拆复合保温外模板类现浇混凝土一体化技术系统构造及技术特征

免拆复合保温外模板类现浇混凝土一体化技术的最主要特征是，以工厂化预制生产的保温复合模板作为现浇墙体的外模板和保温层使用，通过专用连接件拉结，保温模板找平和饰面处理，形成复合墙体自保温系统。比起上述 5 类夹芯保温类现浇墙体系统而言，由于保温层兼作外墙外侧模板，节省了模板材料和工期，但在技术特征方面和保温构造特征来看，更像是厚抹灰技术特征的外保温体系，但是在防火设计方面，鉴于保温层外侧的不燃防护层厚度可达 50mm 以上，与夹芯保温墙体构造类似。至于在工厂预制的保温层外侧不燃防护层厚度，不同省份的技术要求也不尽相同，目前在防火规范中也没有明确的技术要求和相关规定，对于寒冷和严寒地区的要求也不尽相同。

对于免拆复合保温外模板类现浇混凝土一体化技术，根据其复合保温外模板所用内部部位芯材燃烧性能等级的不同，又可细分为两类：（1）有机保温材料复合外模板一体化技术，如本书提及的典型 6 类：①FS 外模板现浇混凝土墙体保温系统；②CT 外模板现浇混凝土墙体保温系统；③FW 外模板现浇混凝土墙体保温系统；④PSI 板现浇混凝土无空腔复合墙体保温系统（LJS 叠合板现浇混凝土复合保温系统）；⑤DH 外模板现浇混凝土墙体保温系统；⑥MW 外模板现浇混凝土墙体保温系统。（2）无机保温材料复合外模板一体化技术，如本书提及的典型 4 类：①SR 外模板现浇混凝土墙体保温系统；②SMXT 外模板现浇混凝土墙体保温系统；③KP 外模板现浇混凝土墙体保温系统；④钢板网复合真空绝热板建筑保温系统。因此本书共选取 10 类（包括有机和无机两种芯保温材）免拆复合保温外模板类现浇混凝土一体化技术作代表，分别就其系统构造及技术特征进行介绍。

4.4.1 FS 外模板现浇混凝土墙体保温系统

FS 外模板现浇混凝土墙体保温系统是目前寒冷地区尤其是山东省应用规模较大且

广为熟知的一体化技术产品，其主要系统构造如表 4.12 所示。

表 4.12　FS 外模板现浇混凝土墙体保温系统

系统构造层名称		主要组成材料	系统构造简图
①	饰面层	涂装饰面或面砖饰面	
②	抗裂抹面层	5mm 厚抗裂砂浆 + 抗裂加强网	
③	找平层	25mm 厚保温浆料（胶粉聚苯颗粒或玻化微珠）	
④	保温层（FS 保温模板，无网）	3mm 厚粘结加强层 ｜ 聚合物水泥砂浆（无网）	
		16mm 厚保温过渡层 ｜ 保温砂浆（无网）	
		1mm 厚粘结层 + 加强肋 ｜ 聚合物水泥砂浆	
		外侧开槽式保温芯材（界面处理） ｜ XPS、SEPS、PU 等 B 级保温材料	
		3mm 厚粘结加强层 ｜ 聚合物水泥砂浆（无网）	
⑤	基层	现浇钢筋混凝土墙体 + 专用连接件	

4.4.2　CT 外模板现浇混凝土墙体保温系统

CT 外模板现浇混凝土墙体保温系统的基本构造见表 4.13，与 FS 外模板保温系统基本一致，区别在于其模板内部的复合构造及厚度不完全一样，芯材采用了双面开槽方式，加强肋内部可根据需要设置 1 根镀锌钢丝，同时模板内、外侧采用抗裂加强网复合构造。

表 4.13　CT 外模板现浇混凝土墙体保温系统

系统构造层名称		主要组成材料	系统构造简图
①	饰面层	涂装饰面或面砖饰面	
②	抗裂抹面层	5mm 厚抗裂砂浆 + 抗裂加强网	
③	找平层	25mm 厚找平保温浆料（胶粉聚苯颗粒或玻化微珠）	
④	保温层（CT 保温模板，内覆玻纤网）	5mm 厚抗裂层 ｜ 5mm 厚抗裂砂浆 + 耐碱玻纤网	
		14mm 厚加强层 ｜ 17mm 厚保温浆料或聚合物砂浆	
		1mm 厚粘结层 ｜ 聚合物砂浆 + 加强肋（5mm × 4mm，必要时嵌入直径 1.8mm 镀锌钢丝）	
		内、外侧双面开槽式保温芯材（界面处理） ｜ XPS、SXPS、PU 等 B 级保温材料	
		5mm 厚粘结层 ｜ 5mm 厚抗裂砂浆 + 耐碱玻纤网	
⑤	基层	现浇钢筋混凝土墙体 + 专用连接件	

4.4.3　FW 外模板现浇混凝土墙体保温系统

FW 外模板现浇混凝土墙体保温系统的基本构造见表 4.14。该系统是寒冷地区山东省应用规模较大的一类保温结构一体化技术产品。与 FS 外模板现浇混凝土墙体保温系统和 CT 外模板现浇混凝土墙体保温系统构造的最大不同之处在于，其 FW 外模板内部敷设有钢丝网片且采用马镫式固定件与保温板连接。除模板内部的复合构造及厚度及保温材料的开槽方式不同外，其外模板的外侧构造与 CT 外模板现浇混凝土墙体保温系统、FS 外模板现浇混凝土墙体保温系统的构造基本相同。

表 4.14　FW 外模板现浇混凝土墙体保温系统

系统构造层名称		主要组成材料		系统构造简图
①	饰面层	涂装饰面或面砖饰面		
②	抗裂抹面层	5mm 厚抗裂砂浆 + 抗裂加强网		
③	找平层	25mm 厚保温浆料（胶粉聚苯颗粒或玻化微珠）		
④	保温层（FW 保温模板，内覆钢丝网和玻纤网）	3mm 厚粘结加强层	3mm 厚抗裂砂浆 + 耐碱玻纤网	
		17mm 厚保温浆料渐变层	17mm 厚保温浆料 + 热镀锌电焊网 + 马镫固定件 + 加强肋	
		内、外侧双面开槽式保温芯材（界面处理）	XPS、SXPS 等 B 级保温材料	
		5mm 厚粘结加强层	5mm 厚抗裂砂浆 + 耐碱玻纤网	
⑤	基层	现浇钢筋混凝土墙体 + 专用连接件		

4.4.4　PSI 板现浇混凝土无空腔复合墙体保温系统

PSI 板现浇混凝土无空腔复合墙体保温系统（LJS 叠合板现浇混凝土复合保温系统）的基本构造见表 4.15。尽管系统构造中 PSI 板外侧的构造层厚度与 FS、FW、CT 系统一样，但外侧的找平层材料改用干混砂浆代替保温浆料；最大的区别还在于 PSI 板内部的构造，主要采用单面钢丝网复合剪刀形腹筋与保温芯材共同组成立体钢丝网架保温板，这样既加强了 PSI 板内部各层间的连接，也增强了 PSI 板与现浇墙体的连接可靠性。

表 4.15　PSI 板（LJS 叠合板）现浇混凝土墙体保温系统

系统构造层名称		主要组成材料		系统构造简图
①	饰面层	涂装饰面或面砖饰面		
②	抗裂抹面层	5mm 厚抗裂砂浆 + 抗裂加强网		
③	找平层	25mm 厚干混抹灰砂浆		
④	保温层（PSI 板）	20mm 厚轻质混凝土（$\rho \leqslant 1400\mathrm{kg/m}^3$，抗压强度 $\geqslant 10\mathrm{MPa}$，导热系数 $\leqslant 0.30\mathrm{W/（m \cdot K）}$）+ 单面钢丝网		
		保温芯材（界面处理）	XPS、SXPS、GPES、PU 等 B 级保温材料	
		斜腹丝	剪刀形腹筋	
⑤	基层	现浇钢筋混凝土墙体 + 专用连接件		

4.4.5 DH 外模板现浇混凝土墙体保温系统

DH 外模板现浇混凝土墙体保温系统的基本构造见表 4.16。外模板外侧不燃无机材料采用 50mm 厚低密度低导热系数的泡沫混凝土轻质材料。与 PSI 板相比，省却了单面钢丝网片和斜腹丝；与 FS、FW、CT 以及 PSI 保温系统相比，最大区别在于外模板外侧没有找平层，而是采用直接抗裂罩面的方式进行抹面和饰面处理。

表 4.16 DH 外模板现浇混凝土墙体保温系统

系统构造层名称		主要组成材料		系统构造简图
①	饰面层	涂装饰面或面砖饰面		
②	抗裂抹面层	5mm 厚抗裂砂浆 + 抗裂加强网		
③	保温层 （DH 外模板）	抗裂罩面层	抗裂砂浆 + 玻纤网	
		50mm 厚泡沫混凝土	密度 $\rho \leq 300\text{kg/m}^3$；导热系数 $\lambda \leq 0.060\text{W}/（\text{m·K}）$	
		保温芯材	XPS 板（界面处理）	
④	基层	现浇钢筋混凝土墙体 + 专用连接件		

4.4.6 MW 外模板现浇混凝土墙体保温系统

MW 外模板现浇混凝土墙体保温系统的基本构造见表 4.17。其保温系统的构造基本同 FS、FW 和 CT 保温系统，即 MW 外模板外侧为 25mm 找平保温浆料和 5mm 厚抗裂砂浆抹面，不同之处还在于其 MW 外模板的内部构造。在外模板构造形式上，MW 外模板类似于 PSI（LJS）外模板，包括 20mm 厚无机不燃材料（15mm 厚保温浆料 + 5mm 厚抗裂砂浆复合玻纤网）、经界面处理的保温芯材、单面钢丝网片（Ⅰ型和Ⅱ型，Ⅲ型无此构造）、斜腹丝（Ⅰ型，Ⅱ型和Ⅲ型无此构造），主要区别在于模板不燃材料种类不同和模板外侧找平材料不同。

表 4.17 MW 外模板现浇混凝土墙体保温系统

系统构造层名称		主要组成材料			系统构造简图
①	饰面层	涂装饰面或面砖饰面			
②	抗裂抹面层	5mm 厚抗裂砂浆 + 抗裂加强网			
③	找平层	25mm 厚保温浆料（胶粉聚苯颗粒或玻化微珠）			
④	保温层 （MW 外模板）	5mm 厚抗裂层	5mm 厚抗裂砂浆 + 耐碱玻纤网		
		15mm 厚保温浆料	Ⅰ型	15mm 厚保温浆料 + 钢丝网片 + 剪刀形腹筋	
			Ⅱ型	15mm 厚保温浆料 + 钢丝网片	
			Ⅲ型	15mm 厚保温浆料	
		保温芯材	GPES、XPS 板（界面处理）		
		界面层	2～5mm 厚高黏度界面砂浆		
⑤	基层	现浇钢筋混凝土墙体 + 专用连接件			

4.4.7　SR 外模板现浇混凝土墙体保温系统

SR 外模板现浇混凝土墙体保温系统的基本构造见表 4.18。由于 SR 外模板采用 A 级不燃材料，因此无论其外模板构造和保温系统构造均不同于上述几种产品。

表 4.18　SR 外模板现浇混凝土墙体保温系统

系统构造层名称		主要组成材料	系统构造简图
①	饰面层	涂装饰面或面砖饰面	
②	抗裂抹面层	3~5mm 厚抗裂砂浆 + 抗裂加强网	
③	找平层	15mm 厚保温浆料（胶粉聚苯颗粒或玻化微珠）	
④	保温层（SR 外模板，预留连接孔）	6~12mm 厚硅钙板或纤维水泥平板	
		15~30mm 厚真空绝热板	
		6~12mm 厚硅钙板或纤维水泥平板	
⑤	基层	现浇钢筋混凝土墙体 + 专用连接件	

4.4.8　SMXT 外模板现浇混凝土墙体保温系统

SMXT 外模板现浇混凝土墙体保温系统的基本构造见表 4.19。与 SR 外模板保温系统一样，SMXT 也是采用 A 级不燃材料作为保温芯材和外模板，因此，对于防火设计而言，不需要另行采取防火构造措施。需要注意的是，SMXT 外模板采用的是 FS 外模板构造和保温系统，仅仅是保温芯材由有机保温材料改变为无机芯材；同时，也是采用高效超薄保温材料作为芯材（真空绝热板），同时克服了真空绝热板本身不能裁切和钻孔打眼等应用弊端，在内蒙古、北京和天津等地的工程项目中应用良好。

表 4.19　SMXT 外模板现浇混凝土墙体保温系统

系统构造层名称				主要组成材料	系统构造简图
①	饰面层			涂装饰面或面砖饰面	
②	抗裂抹面层			3~5mm 厚抗裂砂浆 + 抗裂加强网	
③	找平层			15mm 厚保温浆料（胶粉聚苯颗粒或玻化微珠）	
④	保温层（SMXT 外模板）	粘结加强层		3mm 厚聚合物水泥砂浆	
		保温过渡层		8mm 厚保温砂浆	
		粘结层		1mm 厚聚合物水泥砂浆 + 加强肋	
		保温芯材（SMXT 复合保温板）	外覆面层	憎水珍珠岩、矿物纤维、无机胶凝材料等经压制工艺形成的周边包裹芯材层	
			芯材	气凝胶等纳米无机粉体制成的板状材料	
			内覆面层	憎水珍珠岩、矿物纤维、无机胶凝材料等经压制工艺形成的周边包裹芯材层	
		粘结加强层		3mm 厚聚合物水泥砂浆	
⑤	基层			现浇钢筋混凝土墙体 + 专用连接件	

4.4.9　KP 外模板现浇混凝土墙体保温系统

KP 外模板现浇混凝土墙体保温系统的基本构造见表 4.20。KP 外模板的特点是真空绝热板外侧敷设两层抗裂加强构造，内侧敷设一层抗裂加强构造，同时对 KP 外模板外侧进行找平和抗裂罩面处理。

表 4.20　KP 外模板现浇混凝土墙体保温系统

系统构造层名称		主要组成材料		系统构造简图
①	饰面层	涂装饰面或面砖饰面		
②	抗裂抹面层	5mm 厚抗裂砂浆 + 耐碱玻纤网		
③	找平层	15mm 厚保温浆料（胶粉聚苯颗粒或玻化微珠）		
④	保温层 （KP 外模板， 预留连接孔）	3mm 厚粘结加强层	3mm 厚抗裂砂浆 + 耐碱玻纤网	
		7mm 厚保温浆料	7mm 厚保温浆料层 + 钢丝网框	
		保温芯材层	真空绝热板	
		5mm 厚粘结加强层	5mm 厚抗裂砂浆 + 耐碱玻纤网	
⑤	基层	现浇钢筋混凝土墙体 + 专用连接件		

4.4.10　钢板网复合真空绝热板建筑保温系统

钢板网复合真空绝热板建筑保温系统的基本构造见表 4.21。其与 KP 外模板构造的不同在于，外模板内外两侧均采用抗裂性更好的钢网片无机浆料防护层。由于芯材采用可裁切超薄真空绝热板，芯材外采用高强度镀锌钢网片加强抗裂网构造，发挥了外模板超薄和抗裂、质轻的材料性能。由于该类保温系统采用了 A 级超薄不燃材料，其系统构造层的各层厚度可更薄、更轻，可有效减少保温系统给基层墙体带来的自重，减少因保温层厚度过大引起的锚栓连接失效等问题。

表 4.21　钢板网复合真空绝热板建筑保温系统

系统构造层名称		主要组成材料		系统构造简图
①	饰面层	涂装饰面或面砖饰面		
②	抗裂抹面层	3~5mm 厚抗裂砂浆 + 抗裂加强网		
③	找平层	5~10mm 厚保温浆料（胶粉聚苯颗粒或玻化微珠）		
④	保温层 （JR 外模板， 预留连接孔）	抗裂覆面层	8mm 厚保温浆料 + 镀锌钢板网	
		格仓保温芯材	真空绝热板 + 分仓通孔构造	
		抗裂覆面层	8mm 厚保温浆料 + 镀锌钢板网	
⑤	基层	现浇钢筋混凝土墙体 + 专用连接件		

4.5　装配式预制墙体类一体化技术系统构造及技术特征

本书选取 4 类较为典型的装配式预制墙体类一体化技术作代表，分别就其系统构造及技术特征进行介绍，主要是：①LQ 装配式混凝土复合墙板；②DH 预拼装复合保温轻质外墙板；③JS 装配式保温装饰一体化墙板；④YB 装配式轻质装饰保温外墙板（秸秆）。

4.5.1 LQ 装配式混凝土复合墙板

LQ 装配式混凝土复合墙板的基本构造见表 4.22。该类墙板主要分为承重墙板和非承重墙板两类，其构造特点是夹芯保温预制混凝土墙板，外侧预制墙板厚度为 60mm，内侧为预制承重墙体或者非承重墙体，满足现行防火设计要求的夹芯保温防火构造。

表 4.22　LQ 装配式混凝土复合墙板基本构造

系统构造层名称		主要组成材料		系统构造简图
①	防护层 （外叶墙）	60mm 厚钢筋混凝土		
②	保温芯材	XPS、EPS、SEPS 等保温板 + 专用玻璃纤维连接件		
③	基层 （内叶墙）	承重墙	160～300mm 厚钢筋混凝土墙体	
		非承重墙	50～300mm 厚钢筋混凝土墙体	

4.5.2 预拼装复合保温轻质外墙板

预拼装复合保温轻质外墙板的基本构造见表 4.23。该类墙板主要用作建筑外墙，板宽宜为 600mm，也是同样采用夹芯保温构造。

表 4.23　预拼装复合保温轻质外墙板基本构造

系统构造层名称		主要组成材料	系统构造简图
①	抗裂抹面层	5mm 抗裂砂浆 + 玻纤网	
②	防护层 （外叶墙）	50mm 厚泡沫混凝土	
③	保温芯材	XPS、EPS、SEPS 等保温板 + 锚栓连接件	
④	基层 （内叶墙）	泡沫混凝土［密度 $\rho \leqslant 300\mathrm{kg/m^3}$； 导热系数 $\lambda \leqslant 0.060\mathrm{W/（m\cdot K）}$］	
		内部竖排空腔构造	
		泡沫混凝土［密度 $\rho \leqslant 300\mathrm{kg/m^3}$； 导热系数 $\lambda \leqslant 0.060\mathrm{W/（m\cdot K）}$］	

4.5.3　JS 装配式保温装饰一体化墙板

JS 装配式保温装饰一体化墙板的基本构造见表 4.24。该类墙板主要用作建筑外墙，采用工厂化单元板块，运输至工地后二次组装为开间式墙板进行装配式安装施工。对于厚度 168mm 墙板，面密度为 $55 \sim 80 \mathrm{kg/m^2}$，耐火极限达 3.0h 以上，预制墙板热阻可达 2.70 （$\mathrm{m^2 \cdot K}$）／W，且集装饰、保温、周边轻钢骨架结构于一体，尤其适用于目前高层和超高层公共建筑的非透明幕墙体系。其中，单元板块由内外双层面板、单元板块钢骨架、保温岩棉、密封防水胶条等组成，挂接系统由板块内挂接件与现场安装在主体结构上的挂件两部分组成，见图 4.1。

表 4.24　JS 装配式保温装饰一体化墙板

系统构造层名称		主要组成材料	系统构造简图
1	外叶面板	无机面板：纤维水泥压力板	
		室外饰面层：真石漆、氟碳漆、外墙涂料等	
2	保温层	岩棉 + 轻钢龙骨	
3	内叶面板	纤维水泥压力板或其他饰面板	
		室内饰面层	

图 4.1　JS 装配式保温装饰一体化墙板及挂接系统

4.5.4　YB 装配式轻质装饰保温外墙板（秸秆）

装配式轻质装饰保温外墙板的基本构造见表 4.25。其主要用作非承重建筑外墙，该墙板集建筑保温、装饰面板、基层墙体于一体，实现了墙体的结构、保温与装饰一体化工程预制和现场装配式施工，其最大的特点在于合理利用了废弃农作物秸秆材料作为保温芯材，对当前发挥农村废弃资源循环利用具有重要意义和价值。

表 4.25 YB 装配式轻质装饰保温外墙板（秸秆）

系统构造层名称		主要组成材料	系统构造简图
①	装饰面板	大理石、瓷砖、金属面板等装饰面板	
②	粘结层	专用粘结砂浆	
③	秸秆混凝土	芦苇筋混凝土	
④	保温层	聚氨酯保温板	
⑤	秸秆混凝土	芦苇筋混凝土	
⑥	内防护层	轻骨料混凝土	

4.6 自保温砌块类一体化技术系统构造及技术特征

本书选取 4 类较为典型的自保温砌块类一体化技术作代表，分别就其系统构造及技术特征进行介绍，主要是：①非承重复合自保温砌块；②自保温蒸压加气混凝土砌块；③蒸压瓷粉加气混凝土砌块；④混凝土夹芯秸秆砌块。

4.6.1 非承重复合自保温砌块

随着北方寒冷地区节能率的逐步提高，以山东省为例，目前与建筑保温结构一体化技术配套使用的非承重墙体外墙是以复合自保温砌块为主，其中该类产品的技术特征主要是夹芯保温类产品构造，根据复合自保温砌块块体材料的不同，大致包括自保温混凝土复合砌块、自保温烧结复合砌块、自保温发泡混凝土砌块和自保温蒸压加气混凝土砌块 4 类，现行山东省地方标准《非承重砌块墙体自保温系统材料》（DB37/T 2649—2015）根据块体复合保温芯材形式，分为夹芯复合型（Ⅰ）、注塑复合型（Ⅱ）、填充复合型（Ⅲ）、浇筑复合型（Ⅳ）4 种复合芯材方式，但都属于"三明治"形式的夹芯保温构造，同时对非承重自保温砌块的最小外壁厚度做出不小于 20mm 和燃烧性能等级为 A 级的规定[4]。而根据其自保温系统的构造，非承重复合自保温砌块需要辅以专用砌筑和抹面砂浆共同组成自保温系统的复合墙体，也就是说，山东省地方标准《非承重砌块墙体自保温系统材料》（DB37/T 2649—2015）对该类产品的防火要求是基于将抹灰厚度和块体壁厚均算在内以符合现行国家标准《建筑设计防火规范（2018 年版）》（GB 50016—2014）的第 6.7.3 条的"夹芯保温类无空腔复合结构体"，其防火构造类似外模板类厚抹灰自保温体系，目前国家防火规范对其规定上有待商榷和存在一定争议，尤其是在寒冷地区的河北省，目前均执行的是保温芯材外侧的不燃防护层预制厚度或外壁厚度为不低于 50mm，厚抹灰的抹灰层厚度不计入防护层厚度以内。

4.6.2 自保温蒸压加气混凝土砌块

1. 蒸压加气混凝土材料发展应用背景

我国自 20 世纪 60 年代引进瑞典"Siporex"技术建设蒸压加气混凝土生产线，至今已走过半个多世纪的发展应用历程[1]。蒸压加气混凝土是以硅质材料（粉煤灰、矿渣、砂以及含硅尾矿等）和钙质材料（石灰、水泥）为主要原料，掺加铝粉（膏）等发气膨胀剂，经磨细、计量配料、搅拌浇筑、发气膨胀、预养切割、蒸压养护等工序制成的多孔硅酸盐混凝土制品。因其密度低（外墙常用 B05、B06 级密度为 500 ~ 600kg/m³）、保温隔热性能好［导热系数 0.14 ~ 0.16W/（m·K）］、隔声效果好、可加工性强（可锯、刨、钉、铣、钻）、施工方便等应用特点，在工业与民用建筑工程中得到广泛认可和应用。同时，加气混凝土砌块生产成本低、经济性好、原料来源广，可大量利用粉煤灰、磷石膏、矿渣等工业固体废弃物，节约能源和保护环境。因此，目前在我国建筑工程中，非承重外墙和内墙应用量最大的是蒸压加气混凝土砌块。

2. 我国现阶段外填充砌块墙体应用问题分析

我国建筑节能发展阶段由节能 30% 提高至 65% 乃至 75%，寒冷地区如北京、天津、山东等地，居住建筑全部执行 75% 节能标准，公共建筑全面执行 65% 节能标准。同时，随着《建筑设计防火规范（2018 年版）》（GB 50016—2014）的全面实施，外墙防火设计有了严格规范。因此，外墙保温需要从节能和防火两方面进行分析研究。

从节能角度分析，加气混凝土砌块作为外墙基层墙体使用时，在寒冷地区仅仅依靠增加墙体厚度是难以满足设计需要的，需要增设保温层方能满足节能设计的要求。目前应用较为成熟的是以加气混凝土砌块为基层墙体的外墙外保温技术，其中尤以薄抹灰技术为主，目前应用已相对成熟，此处不再冗述。此外，也有以加气混凝土砌块为基层墙体而采用内保温的，由于寒冷地区采用内保温技术结露现象较严重，且占用室内建筑面积，因此不建议使用内保温技术。对于采用以加气混凝土砌块为基层墙体的夹芯保温技术，由于施工烦琐，工程应用量不大。

从防火角度考虑，尽管现行国家标准《建筑设计防火规范（2018 年版）》（GB 50016—2014）对于外墙保温技术的防火提出了较为明确的规定，但是从目前各省市应用自保温砌块的情况来看，大多数的自保温砌块为"三明治"式的夹芯保温构造，即由内壁、保温层和外壁以及连接件等组成的复合保温砌块。暂且不讨论该类自保温砌块的耐久性、安全可靠性，其满足节能主要依靠保温层的厚度，因此节能没有问题。但是，"三明治"自保温砌块的壁厚往往只有 25 ~ 30mm，如寒冷地区山东省地方标准《非承重砌块墙体自保温系统材料》（DB37/T 2649—2015）明确规定"非承重自保温砌块的最小壁厚应不小于 20mm，外壁材料燃烧性能等级应不低于 A 级"，而在其自保温墙体基本构造中表述为"非承重自保温砌块 + 专用砌筑砂浆、专用抹面砂浆 + 耐碱玻纤网和涂料、面砖等饰面材料"。那么，按《建筑设计防火规范（2018 年版）》（GB 50016—2014）第 6.7.3 要求：其基层墙体按 100mm 厚加气混凝土，耐火极限为 6.0h。即便按 100mm 厚粉煤灰加气混凝土砌块墙体，其耐火极限也达到 3.4h，完全能够满足外墙耐火极限的使用要求。但另一方面，按《非承重砌块墙体自保温系统材料》（DB37/T 2649—2015）的自保温砌块系统构造要求，自保温砌块需要抹灰找平和抹面饰面，满足 50mm 不燃防护层厚度要求至少需要找平层与抹面层的厚度之和不低于 30mm，不过对于厚抹灰技术的不燃防护层是否应该计入墙体厚度有很大争议。《建筑设计防火规范（2018 年版）》（GB 50016—2014）第 6.7.3 条文说明也给出了解释，即夹芯保温系统的保温层位于结构构件内部，与保温层两侧的墙体和结构受力体系共同作为建筑外墙使用，同时要求保温层与两侧墙体及结构受力体系之间不存在空隙或空腔，也指出了"结构体"是保温层及其两侧的保护层和结构受力体系一体所构成的外墙。从这方面理解，对于有机保温层的自保温砌块，其两侧壁厚均不应低于 50mm 方可满足防火设计要求，对于后施工抹灰的找平层和抹面层以及饰面层即使是不燃材料，也能起到不燃作用，但也不能视为满足防火设计的外墙保温要求。如果这样，那对于目前大量应用的自保温砌块产品将带来很大的应用难题和障碍。

从墙体安全角度考虑，目前"三明治"式的自保温砌块主要依靠钢筋连接件或具有阻断热桥影响的塑料连接件来拉结，且不论钢筋的锈蚀和防腐处理，单就塑料连接件的耐久老化而言，其适用年限和耐久性是存在问题的。虽然它在某种程度上满足了节能设计的要求，但其使用可靠度并没有得到保障，作为非结构构件使用存在质量隐患。问题还在于，如果不采用贯通式保温层的"三明治"构造，目前的自保温砌块节能保温尚很难满足节能设计要求。

从墙体厚度考虑，目前外保温复合加气砌块墙体和复合自保温砌块的墙体厚度大多为 260～280mm，有的达到 300mm，主要视保温材料的性能而定。常见的自保温复合砌块形式如图 4.2 所示，可以看出，目前很多应用的复合自保温砌块并不符合结构体两侧的壁厚不低于 50mm 的防火要求。此外，如此厚度的墙体不但增加了墙体自重，而且减少了建筑使用面积，使得有效使用面积降低。因此，降低墙体自重和减小墙体厚度是该类产品发展的主要方向，即在满足节能和防火前提下，以较薄的墙体厚度如 180～240mm 即可满足设计要求，与 10 年前乃至 20 年前使用的基层墙体厚度相当，这就需要通过产品性能研发和改良应用方式上来予以实现。

    (a) 砌块复合EPS板+连接件   (b) 砌块复合EPS板   (c) 砌块复合PU板

图 4.2　节能 75% 常见自保温复合砌块的组合形式

3. 自保温蒸压加气混凝土砌块的性质

蒸压加气混凝土砌块因其密度小、保温隔热性能好、隔声效果好、可加工性好（可锯、刨、钉、铣、钻）、原料来源广、生产成本低，能有效利用工业废料等优势，工程应用效果普遍良好，仍是目前外墙优选材料之一。因此在北方寒冷地区的山东省出现了蒸压瓷粉加气混凝土砌块，该产品的应用优势在于，采用密度为 400～450 kg/m³，其抗压强度可达 3.5～5.0MPa，其干燥收缩值不大于 0.4mm/m，100mm 厚耐火极限可达 3.0h 以上，导热系数仅为 0.085W/（m·K），而目前应用广泛的 B05 级或 B06 级普通蒸压加气混凝土砌块导热系数为 0.14～0.16W/（m·K），对于节能 75% 居住建筑而言，厚度 200～250mm 即可满足节能设计要求。与此同时，为使自保温蒸压加气混凝土砌块成本降低，应用方便，另一种采用蒸压加气混凝土块体侧边注胶 EPS 颗粒阻断了灰缝热桥影响并预留空腔块体注入 EPS 发泡颗粒的生产方式也开始应用[5]。蒸压加气混凝土复合自保温砌块虽然没有通过改进原材料配比或者改变原材料来实现自保温功能，但是通过在普通加气混凝土砌块的基础上改进生产工艺，不但降低了成本，而且增强了隔热防火和保温的作用，侧边的注塑 EPS 颗粒阻断了灰缝的热桥影响，同时减缓了内部大空腔保温层构造沿墙体纵向在侧边壁厚处的保温层不连贯影响，使得热传递途径较为合理，满足节能 75% 设计和防火设计是没有问题的。同时，块体可根据实际使用来生产不同的规格尺寸，其生产工艺特点主要是首先制备成型预留空腔的空心加气混凝土砌块，而后蒸养制成带空腔的加气混凝土砌块，将其置于密闭容器，使 EPS 发泡颗粒和水蒸气先后注入其空腔，使得水蒸气沿 EPS 发泡颗粒的孔隙运行并加热再次发泡，直至 EPS 发泡颗粒与孔壁粘在一起[4]。由此可以看出，除了研发新的原材料配方外，在既有生产和应用加气混凝土砌块产品的基础上，改进产品构造方式，也是极为可取的省时省力的途径和方法，不但成本低，可操作性和针对性强，也是目前加气混凝土砌块产品发展应用中较具前景的方向。

　　这里不再冗述"三明治"式的复合自保温砌块。该类蒸压加气混凝土复合自保温砌块是以专用蒸压加气混凝土砌块为母体材料，并在其空腔内现场浇注发泡 EPS 复合而成的复合保温砌块，其墙体构造见表 4.26，块体外观如图 4.3 所示。需要说明的是，该类产品的特点在于，以普通蒸压加气混凝土砌块为母体，预留空腔后浇注 EPS 颗粒，其生产成本低，应用方便，根据检测结果，260mm 厚度的复合砌块热阻值达 2.60（m²·K）/W 以上，采用 260～280mm 完全可以满足寒冷地区的节能设计设计需要，而且其内外侧的壁厚均大于 50mm，在防火设计上没有争议。与上述蒸压瓷粉加气混凝土砌块相比既利用了蒸压加气混凝土的施工应用优势以及取材方便、经济成本低等特点，也发挥了 EPS 颗粒的保温优势，生产设备简单易操作，且原材料取材方便、节约。

表 4.26　蒸压加气混凝土复合自保温砌块墙体构造组成

构造层	组成材料	构造示意图
砌块墙体①	蒸压加气混凝土复合砌块 + 专用砌筑砂浆	
外抹灰层②	抗裂砂浆 + 耐碱玻纤网	
饰面层③	涂料、面砖等饰面材料	

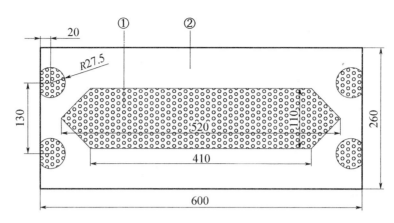

图 4.3　蒸压加气混凝土块体侧边和内部预留空腔块体注入 EPS 发泡颗粒

1—EPS 发泡颗粒；2—蒸压加气混凝土块体

根据表 4.26 可知，蒸压加气混凝土复合自保温砌块的应用特点与目前常用的夹芯保温砌块一样，都是采用砌块 + 专用砌筑砂浆 + 专用抹面砂浆，然后复合抗裂砂浆及耐碱玻纤网和饰面层。因此，对于自保温墙体的构造没有特殊要求，这给实际工程应用带来了便利。

4. 技术经济成本分析

通过对寒冷地区山东省某 24 层住宅建筑采用不同保温材料、保温形式和保温系统时，由节能 65% 至节能 75% 以及《建筑设计防火规范（2018 年版）》（GB 50016—2014）防火设计时的增量成本分析，基于 2016 年上半年的材料价格情况，不考虑耐火完整性 0.50h 的节能型外门窗时，按单位建筑面积计算的增量成本为 55～80 元/m²，当考虑耐火完整性要求的节能型外门窗时，在此基础上再增加 50～70 元/m²。同时指出，采用 A 级保温材料或者满足现行国家标准《建筑设计防火规范（2018 年版）》（GB 50016—2014）第 6.7.3 夹芯保温结构墙体时，增量成本较低，为 55～80 元/m²。因此，对于采用蒸压加气混凝土复合自保温砌块产品来讲，其增量成本较 65% 节能标准是较小的[6-7]。故而，对于保温墙体而言，其应用经济性的决定性因素还在于材料本身即墙体本身材料的经济成本，因此，作为母材为蒸压加气混凝土复合浇注 EPS 颗粒的改进方式，从生产、应用、设计和施工等来讲，无疑都是最为节省的解决方案。因此也可以得出一个结论，那就是面临新的节能标准和防火设计要求，一方面要提升原材料本身的性能要求，另一方面，采用复合型产品构造也是现阶段较为可行的解决途径，并非一味以改进和提升原材料为研发产品的唯一途径和方式，这是产品研发人员和工程应用人员应该注意的问题，也是物尽其用、因地制宜的具体体现。

5. 主要建议与技术展望

（1）蒸压加气混凝土砌块因其密度小、保温隔热性能好、隔声效果好、可加工性强（可锯、刨、钉、铣、钻）、原料来源广、生产成本低、能有效利用工业废料等优势，工程应用效果普遍良好，是目前外墙优选材料之一。

（2）从节能、防火、安全适用和墙体厚度等方面分析考虑，寒冷地区外墙保温技术尤其是外填充墙体的保温节能和防火设计仍然存在很多争议和应用问题。

（3）基于蒸压加气混凝土砌块外墙的节能防火设计，需要从改进产品应用构造方式（如蒸压加气混凝土复合自保温砌块）进行着手研发，以易于在既有产品的基础上操作实现，且生产应用经济性更好为目标。

4.6.3　蒸压瓷粉加气混凝土砌块

以寒冷地区山东省为例，在发布实施山东省工程建设标准《居住建筑节能设计标准》（DB37/5026—2014）（节能 75%）后，国家标准《建筑设计防火规范（2018 年版）》（GB 50016—2014）和《公共建筑节能设计标准》（GB 50189—2015）也开始执行，这给外墙材料选用带来了不少难题。山东淄博是我国建筑陶瓷主要产区之一，每年排放 150 万~200 万吨废渣粉，目前累积储存量已超过 2000 万吨，急需回收和再利用。蒸压瓷粉加气混凝土砌块与普通蒸压加气混凝土砌块的最大区别在于充分发挥了建筑陶瓷废渣的优势，以陶瓷废渣粉为硅质材料，水泥、生石灰作钙质材料，石膏作调节剂，铝粉（膏）和硅铁粉作为复合加气剂，辅以多种自行研发的添加剂，经拌和制浆、悬浮活化、浇注入模、插钎、发气预养、拔钎、切割成型，再经蒸压养护制成轻质自保温砌块[8]。以寒冷地区山东省为例，蒸压瓷粉加气混凝土砌块与普通蒸压加气混凝土砌块作为外墙使用时的性能指标对比分析见表 4.27。

表 4.27　蒸压瓷粉加气混凝土砌块与普通蒸压加气混凝土砌块的性能指标比较结果

项目		性能指标		试验方法
		蒸压瓷粉加气混凝土砌块	蒸压加气混凝土砌块	
干体积密度（kg/m³）		400~450	525~625	GB/T 11969
抗压强度（MPa）		3.5~5.0	3.5~5.0	GB/T 11969
干燥收缩值	标准法（mm/m）	≤0.4	≤0.8	GB/T 11969
抗冻性（D_{25}）	质量损失（%）	≤5.0	≤5.0	GB/T 11969
	冻后强度（MPa）	≥2.8	≥2.8	
耐火极限（100mm 厚度，h）		≥3.0	≥3.4	GB/T 9978
放射性核素限量		$I_{Ra} \leq 0.5$	$I_{Ra} \leq 0.5$	GB 6566
		$I_r \leq 0.5$	$I_r \leq 0.5$	GB 6566
导热系数［W/（m·K）］		≤0.085	0.14~0.16	GB/T 10294

由表 4.27 可见，蒸压瓷粉加气混凝土砌块对比普通蒸压加气混凝土砌块最大的优势在于：①利用了建筑陶瓷废渣，做到了资源的因地制宜循环再利用；②密度优势明显，降低 1/3 左右，极大减轻了结构自重，降低了结构设计中的工程成本和造价；③导热系数极低，与保温板材相当，降低接近 1/2，极大改善了墙体的保温性能。因此，作为加气混凝土类材料，目前对寒冷地区的山东省执行 75% 节能标准的居住建筑而言，蒸压瓷粉加气混凝土砌块外墙体厚度约 240mm 即可满足自保温节能设计要求，无须另行设置保温层，减少了因保温层施工带来的质量问题。除了产品性能外，其施工应用与普通蒸压加气混凝土砌块完全相同。由此可以看出，研发新的原材料配方以提高加气混凝土本身的性能，是目前加气混凝土砌块产品发展中较具前景的方向。但是，原国家建

筑材料工业局科技司副司长、原中国加气混凝土协会副会长、中国硅酸盐协会房屋建筑材料委员会名誉理事长陶有生在《墙材革新与建筑节能》发表论文"利用工业固体废弃物生产蒸压加气混凝土制品应注意的问题"中明确强调，生产实践和使用结果证明，陶瓷瓷砖抛光废料瓷粉（CF）不宜用来生产蒸压加气混凝土制品，在寒冷及严寒地区地区外墙自保温技术工程应用中应慎重选用[9]。这是现阶段单一匀质墙体材料类自保温技术主要因产品生产存在问题而应用较少的原因所在，也是我们在自保温蒸压加气类砌块生产和应用方面应该注意的地方。

4.6.4　混凝土夹芯秸秆砌块

我国是农业大国，每年约产生7亿t农作物秸秆，大量秸秆被焚烧和堆弃浪费。造成了环境污染和资源浪费。混凝土夹芯秸秆砌块以小麦秸秆和玉米秸秆等农作物秸秆作为主要原料，以石灰浆作为胶粘材料，采用冷压技术制备成型，属于可再生能源中的生物质能利用型材料，由于具有保温隔热性能和吸（放）热等特性，将其内置于混凝土空心砌块空腔之内作为保温芯材使用，成为自保温复合砌块。刘福胜、王少杰等所著《混凝土夹芯秸秆砌块抗震节能生态宜居村镇建筑》对其生产制备、墙体热工性能和轴心受压、偏心受压、抗剪、抗震等物理力学性能进行了深入研究，本书不予冗述[10]。需要注意的是，其理论计算和实测的墙体传热系数偏大，其模拟值离散性较大，为 $0.58 \sim 1.04 \mathrm{W}/（\mathrm{m}^2 \cdot \mathrm{K}）$，其实测值离散性也偏大，为 $0.57 \sim 0.98 \mathrm{W}/（\mathrm{m}^2 \cdot \mathrm{K}）$，依据国家标准《农村居住建筑节能设计标准》（GB/T 50824—2013）严寒地区农村居住建筑外墙传热系数限值取 $0.50 \mathrm{W}/（\mathrm{m}^2 \cdot \mathrm{K}）$，寒冷地区农村居住建筑外墙传热系数限值取 $0.65 \mathrm{W}/（\mathrm{m}^2 \cdot \mathrm{K}）$，同时《山东省绿色农房建设技术导则》（JD 14—028—2017）对农房建筑外墙传热系数限值取 $0.60 \mathrm{W}/（\mathrm{m}^2 \cdot \mathrm{K}）$，因此山东农业大学刘福胜、王少杰等研制的混凝土夹芯秸秆砌块从节能设计方面来看，目前仅适用于我国寒冷地区农房建筑承重或非承重用围护外墙，尚达不到大规模民用建筑节能65%或者更高节能标准的设计要求[11-12]。但是作为可再生能源利用尤其是将农作物秸秆变废循环利用的研发思路是非常值得提倡的，也是今后一体化技术重点发展的方向之一，即使作为寒冷地区农房建筑围护墙体使用，也必将面临广大无限的市场，对推动农村经济发展和实施新时代乡村振兴战略具有重要意义。

参考文献

［1］朱洪祥. 建筑节能与结构一体化技术及应用［M］. 北京：中国建筑工业出版社，2013.

［2］中华人民共和国住房和城乡建设部. 建筑节能基本术语标准：GB/T 51140—2015［S］. 北京：中国建筑工业出版社，2015.

［3］陈一全. 北方寒冷地区建筑保温与结构一体化技术应用及发展策略研究［J］. 墙材革新与建筑节能，2019（1）：35-49.

［4］山东省质量技术监督局. 非承重砌块墙体自保温系统材料：DB37/T 2649—2015［S］. 2015.

［5］陈一全. 寒冷地区外墙用蒸压加气混凝土砌块发展应用策略研究［J］. 墙材革新与建筑节能，2018（6）：23-26.

［6］陈一全，等．寒冷地区居住建筑基于节能75%和防火设计要求的围护结构节能技术经济成本分析与研究（上）［J］．墙材革新与建筑节能，2017，（11）：62-64.

［7］陈一全，等．寒冷地区居住建筑基于节能75%和防火设计要求的围护结构节能技术经济成本分析与研究（下）［J］．墙材革新与建筑节能，2017，（12）：44-53.

［8］山东省住房和城乡建设厅，山东省质量技术监督局．蒸压瓷粉加气混凝土砌块技术导则：JD 14—027—2017［S］．2017.

［9］陶有生．利用工业固体废弃物生产蒸压加气混凝土制品应注意的问题［J］．墙材革新与建筑节能，2018.02：30-32.

［10］刘福胜，王少杰．混凝土夹芯秸秆砌块抗震节能生态宜居村镇建筑［M］．北京：中国建材工业出版社，2018.

［11］中华人民共和国住房和城乡建设部．农村居住建筑节能设计标准：GB/T 50824—2013［S］．北京：中国建筑工业出版社，2013.

［12］山东省住房和城乡建设厅．山东省绿色农房建设技术导则：JD 14—028—2017［S］．2017.

第5章 建筑保温结构一体化技术体系防火设计

5.1 建筑保温工程火灾案例和防火安全性

5.1.1 建筑保温工程火灾案例

自从有机保温材料进入建筑墙体节能技术领域以来，节能与防火的问题就一直是本领域重点关注的两个焦点。尤其是在第二节能阶段后期和第三节能阶段，随着民用建筑节能工作的不断推进和全面实施，因采用有机保温材料引起的火灾事故越来越多，成为建筑节能发展应用的主要诟病所在和问题集中之处，火灾事故影响可谓触目惊心。自2003年至2018年4月因建筑保温材料引发的部分典型火灾案例见表5.1。

表5.1 2003—2018年因建筑保温材料引发的部分典型火灾案例

序号	火灾时间	建筑项目及规模	火灾概况
1	2003年9月1日	北京当代万国城7号楼，26层，高80多m	墙体保温采用EPS板，内部装修施工时引燃楼内未上墙保温板，火灾发生后火势迅速蔓延到各个楼层，从底层到顶层过火，损失数万元。火灾发生后，现场施工的施工人员均及时撤离现场，未发生人员伤亡
2	2005年1月20日中午	南京青少年活动中心科技馆，大开间建筑，高25m，约2.93万m²	屋面施工时因电焊施工引燃屋顶聚苯乙烯保温层，导致正在施工的金属屋面保温层及防水层约6000m²被烧毁，损失94万元
3	2005年12月22日中午12时37分	"汤臣一品"超高层建筑，超高层，约14万m²	"汤臣一品"号称上海第一天价楼盘和内地第一豪宅，因工人施工时违章切割产生的火花引燃泡沫塑料板导致火灾，事发地是"汤臣一品"的会所中庭。大火于13时15分被扑灭。燃烧引起的滚滚黑色浓烟借着风势，一度上蹿至隔壁的金茂大厦一半的高度，弥漫了整个浦东陆家嘴区域
4	2006年3月27日	乌鲁木齐城市大酒店，高90.6m	使用中因灶台油锅失控起火，引燃排烟道油污后至幕墙铝塑板，向上蔓延至24层；过火面积927m²，2人轻伤，损失26.4万元
5	2006年5月31日	无锡市华仁大厦，20层，高87m，约3.28万m²	装修施工中电焊引燃外墙面二层铝塑板装饰带并燃烧至外墙，火灾烧毁外墙面聚苯板保温材料和装饰用铝塑板，火灾原因为电焊引起

续表

序号	火灾时间	建筑项目及规模	火灾概况
6	2006 年 6 月 17 日	北京上第 MOMA，5 层	5 层楼顶建筑材料泡沫管着火引起外墙保温材料燃烧
7	2006 年 7 月 6 日	乌鲁木齐市供水高层综合楼	工地施工时引燃挤塑聚苯板，楼体保温材料全部被烧，北侧外墙烧光，1 人受伤
8	2006 年 8 月 15 日	哈尔滨市道里区爱建路一工地	施工时因工人电焊操作引燃工地院内存放的部分聚苯板、木料及一栋正在施工的楼体外部的防护网
9	2006 年 10 月 4 日	号称"鲁西南商务写字楼第一楼"济宁兴唐金茂大厦，23 层，高 97.7m，约 4.2 万 m²	装修施工时工人焊接避雷装置时因电焊熔珠掉落引燃楼内架板、竹笆、密目网、外墙聚氨酯保温材料等可燃物，造成火灾
10	2007 年 4 月 7 日	北京上第 MOMA，10 层	防水工程施工时，因地下室电线短路引燃施工时上墙的 EPS 保温材料，火灾从地下一层开始，将混凝土外墙 120mm 厚的聚苯板外墙保温层全部烧毁。这是该工程自 2006 年 6 月 17 日之后的第二次火灾
11	2007 年 4 月 16 日、2007 年 5 月 6 日、	上海市东源深体育发展中心游泳馆，大空间结构	电焊火花引燃屋顶夹芯彩钢板保温层，过火面积 300m² 以上，部分屋顶损毁
12	2007 年 4 月 29 日、2007 年 11 月 27 日	济南市江北第一大盘"鲁能领秀城"7 号公馆	2007 年 4 月 29 日，室内施工人员拉电线引起电线短路起火，引燃了外墙外保温系统的挤塑聚苯板。2007 年 11 月 27 日，外墙保温材料挤塑聚苯板被不明原因引燃
13	2007 年 5 月 2 日	北京市西直门长河湾某在建楼房	3 层首先起火，火苗落到楼下，将易燃的保温板烧着，该楼采用聚苯板薄抹灰外墙外保温系统。经查是因烟头导致起火
14	2007 年 5 月 9 日	沈阳铁西区红盛小区 22 号楼	最开始着火的是堆放在楼东侧山墙下的一堆废弃物，之后将该楼东墙上的外墙保温系统点燃
15	2007 年 5 月 17 日	北京主语城，20 层	施工时因屋顶电闸箱短路，熔珠溅落引燃屋面 300m² 以上挤塑板
16	2007 年 6 月 29 日	青岛市香港中路某建筑工地	因施工人员电焊作业时火花溅到保温材料上引发火灾
17	2007 年 6 月 29 日	乌鲁木齐市金华城，19 层，高 80m 以上	工地建筑工人在实施电焊作业，电焊产生的火花飞溅到下方的塑料和纸张上，继而火势蔓延到整栋大楼北侧墙体，将墙体装饰用聚苯板和铝塑板材料烧毁
18	2007 年 7 月 2 日	北京大学奥运乒乓球馆，约 2.69 万 m²	施工时采用汽油喷灯烘烤 SBS 改性沥青防水卷材，因温度过高引燃卷材及石材幕墙中厚度 40mm 的聚氨酯保温材料，过火面积 1000m² 以上
19	2008 年 4 月 30 日	北京当代万国城北区 T3 楼，21 层	装修施工中电线短路将铝板幕墙内挤塑聚苯板引燃，火势由 8 层蔓延至 21 层

序号	火灾时间	建筑项目及规模	火灾概况
20	2008 年 6 月 2 日	北京师范大学科技园孵化大厦	幕墙施工电焊时未对焊渣进行有效防护，引燃下方外墙保温材料，造成该大楼西面墙体 1～13 层外装饰和保温材料全部烧坏
21	2008 年 7 月 27 日、2008 年 11 月 11 日	济南奥运中心体育馆，高 50m 以上，约 5.8 万 m²	2008 年 7 月 27 日，施工中违章电焊作业引燃防水卷材和保温层，烧毁复合屋面 3150m²，损失 75 万元；2008 年 11 月 11 日，违章使用汽油灯烘烤防水卷材引燃防水层，过火面积 1284m²，损失 3 万元
22	2008 年 9 月 20 日	深圳市龙岗区舞王俱乐部	由于大量使用聚氨酯材料装修，火灾发生后仅 46s，有毒浓烟就笼罩了整个大厅，造成 44 人死亡
23	2008 年 10 月 9 日	哈尔滨市经纬 360 度大厦，高 99.8m	电焊点燃聚氨酯保温材料致火灾，造成该建筑外墙的部分装修材料烧毁，过火面积 2000m²，损失 216 万元
24	2009 年 2 月 9 日	央视 CCTV 大楼配楼北京电视文化中心，30 层，高 159m，10.36 万 m²	该楼外立面装修：南北侧为玻璃幕墙，东西立面为钛锌板，外墙保温材料为挤塑板等，北侧外立面为透明玻璃幕墙。火灾是违规燃放烟花爆竹引燃大楼的保温材料所致。过火面积 10 万 m²，损失超 7 亿元，死亡 1 人，6 人受伤
25	2009 年 3 月 16 日	中央美术学院临建宿舍，2 层	电源插座故障引起彩钢板内的聚苯乙烯芯材着火，过火面积近 3000m²，烧塌 100 余间学生宿舍，1 人受伤
26	2009 年 4 月 6 日	中国科技馆新馆在建工地，高 45m，10.2 万 m²	装修施工中引燃新馆主体结构东南角内保温层的挤塑板，由于风势等原因，火势蔓延较快，东南角外侧严重受损，铝合金板被烧毁
27	2009 年 4 月 19 日	南京中环国际广场，50 层，高 187m，约 12.4 万 m²	安装空调机时，因焊渣掉落引燃楼下空调外机井壁挤塑板保温层，过火面积超 400m²
28	2010 年 5 月 31 日	南通第一高楼——中南挥拳国际广场大厦	电焊切割引起保温材料燃烧，过火面积 370m²，直接经济损失 12 万元
29	2010 年 9 月 9 日	长春高层住宅楼——佳泰帝景城	因电焊引燃外墙材料，引发火灾
30	2010 年 9 月 15 日	乌鲁木齐市一在建机关住宅楼	因保温材料引燃大火，烧毁外墙保温材料 1000m²，直接经济损失 7 万元
31	2010 年 9 月 20 日	青岛市山东路在建工程	电焊导致保温材料起火
32	2010 年 9 月 22 日	乌鲁木齐市长春中路神华总部一栋 26 层在建高层	外墙保温材料起火

续表

序号	火灾时间	建筑项目及规模	火灾概况
33	2010 年 10 月 9 日	青海西宁市城东区一栋 31 层在建商住楼	南立面外墙保温板起火，过火面积 2000m²
34	2010 年 10 月 11 日	河北省衡水市桃园城项目 6 号楼	电焊引燃保温层
35	2010 年 10 月 16 日	青海西宁市城东区一栋 31 层在建商住楼	西立面外墙保温板再次起火，过火面积 2100m²
36	2010 年 11 月 15 日	上海静安区胶州路 728 号教师公寓大楼	起火点位于 10 ～ 12 层，整栋楼被烧，事故是由无证电焊工违章操作引燃聚氨酯引起，造成 58 人死亡和 71 人受伤，直接经济损失 1.58 亿元
37	2011 年 2 月 03 日	沈阳五星级酒店皇朝万鑫国际大厦	起火楼房外立面上有大量的易燃的聚氨酯泡沫保温材料，是造成火灾的重要原因之一
38	2011 年 4 月 19 日	上海电信火灾	装潢工人在进行切割施工作业时引燃风管保温材料所致，火灾造成 4 人死亡
39	2011 年 4 月 22 日	乌鲁木齐市中医院在建高层建筑工地	在建高层建筑工地东南角 1 ～ 7 层外墙防护网起火，火势较大，并引燃部分外墙保温材料
40	2011 年 7 月 3 日	石家庄现代城在建高层	保温板起火
41	2012 年 7 月 3 日	无锡在建高层住宅	外墙保温材料外侧美化铝塑板起火，过火面积 200m²
42	2015 年 5 月 25 日 20 时左右	河南省鲁山县康乐园老年公寓	因使用电器，引燃电线绝缘层、聚苯乙烯泡沫、吊顶木龙骨等易燃可燃材料引发火灾，事故造成 39 人死亡、6 人受伤，过火面积 745.8m²，直接经济损失 2064.5 万元
43	2015 年 5 月 29 日 下午 4 时 58 分许	张家口市桥西区西坝岗路长方沟口北在建 18 层建筑	因施工原因造成外墙外保温材料着火
44	2015 年 10 月 30 日 下午 3 点左右	郑州市秦岭路冉屯路附近九龙国际在建楼盘	因保温层施工着火，从 1 层烧到了 34 层
45	2017 年 1 月 5 日 3 时 29 分	北京通州区梨园镇瑞都国际小区南区 9 号楼	外立面烟道因保温材料起火，火灾造成 1 名女性受伤
46	2018 年 2 月 1 日 13 时 35 分	绿地原盛国际 3 号写字楼 C 座	位于郑东新区心怡路与祥盛街交叉口，因外保温材料着火引发火灾，号称"2018 第一场大火"，大火迅速蔓延至最高层，所幸无人员伤亡
47	2018 年 4 月 4 日 夜 11 时许	世代龙城 38 号楼	位于沈阳市于洪区沈大路 43 号，因墙体外侧聚苯板被点燃发生火灾，火势迅速从 1 层蔓延至 18 层顶楼，所幸未造成人员伤亡

5.1.2　建筑保温工程防火安全性

建筑外墙外保温系统的防火安全性包括保温材料自身的防火性能和保温系统构造形式的防火安全性。建筑保温材料的防火性能依据《建筑材料及制品燃烧性能分级》（GB 8624—2014）标准进行测试，其燃烧性能等级根据材性和阻燃性能的不同分为 A 级、B_1 级和 B_2 级。在新颁布的《建筑设计防火规范（2018 年版）》（GB 50016—2014）中针对不同类型建筑和不同高度的建筑在使用外保温材料时做出了细致的规定。建筑外保温系统的防火性能主要依据《建筑外墙外保温系统的防火性能试验方法》（GB/T 29416—2012）进行试验后确定。外保温系统的防火性能是在保温材料满足基本防火要求的前提下，通过设置不同的外保温构造形式来提高系统的防火性能。通常的外保温系统构造形式包括设置防火隔离带、厚抹灰、薄抹灰、幕墙系统、防火空腔、防火封堵等。具有一定防火构造形式的外保温系统按《建筑外墙外保温系统的防火性能试验方法》（GB/T 29416—2012）进行燃烧试验，在考察系统表面火焰蔓延、系统内部火焰蔓延、垮塌滴落现象、阴燃现象等指标后，可判定保温系统的防火安全性合格。应根据工程的具体情况，以及国家标准《建筑防火设计规范（2018 年版）》（GB 50016—2014）的要求，选择保温材料的燃烧性能等级。当使用 B_1 级或 B_2 级保温材料时，应视不同建筑类型及建筑高度，按《建筑设计防火规范（2018 年版）》（GB 50016—2014）及《建筑外墙外保温防火隔离带技术规程》（JGJ 289—2012）的要求设置防火隔离带。《建筑设计防火规范（2018 年版）》（GB 50016—2014）要求外保温系统宜采用燃烧性能为 A 级的保温材料，不宜采用 B_2 级保温材料，严禁采用 B_3 级保温材料，设置保温系统的基层墙体的耐火极限应符合标准要求[14]。

1. 外墙保温材料燃烧性能分类

从材料燃烧的角度看，目前主要包括三大类。

（1）无机类保温材料：我国的岩棉、玻璃棉、膨胀玻化微珠保温浆料等，属不燃性材料，自身不存在防火安全问题。但其他性能不能完全满足外保温的要求，目前尚不具备广泛应用的技术条件。

（2）有机无机复合保温材料：以胶粉聚苯颗粒保温浆料为主，属难燃材料，且不具有火焰传播性，自身不存在防火安全问题。

（3）有机高分子保温材料：以聚苯乙烯饱沫塑料和聚氨酯硬泡为主，属可燃材料，具有引发火灾的危险性。

2. 外墙保温材料火灾危险性

当建筑物内起火时，火焰和高温极易引起窗户玻璃破裂，火焰从这些破碎了的窗口伸出：一是火焰的辐射热穿过门窗口烤燃对面建筑物；二是火舌从窗口伸出向上窜，将上层窗口的可燃物烤燃，逐层向上蔓延，致使整个建筑物起火，特别是外墙发生火灾后，由于烟囱效应火灾蔓延特别迅速。在过去的国家标准《建筑设计防火规范》（GB 50016—2006）和《高层民用建筑设计防火规范（2005 年版）》（GB 50045—1995）中均未包含对外墙保温的防火设计要求，致使对外墙保温材料防火性能没有明确要求，发生火灾时由于受高温的作用，墙体保温材料表面砂浆龟裂、脱落，很快会引燃保温材料，火灾迅速向大范围蔓延。同时，外墙着火之后，由于室内的自动消防设施不能覆盖外墙，特别是当高层建筑外墙外保温材料着火后，由于建筑高度过高，举高消防车、登高平台消防车等无法达到火灾区域，扑救火灾更是难上加难[5-6]。

要想防止建筑外墙外保温火灾事故，首先要知道什么是"燃烧"？燃烧是自然界十分普遍的一种化学现象，是指可燃物与氧化剂作用发生的放热反应。燃烧过程通常伴有火焰、发光或发烟现象。可燃物、助燃物和火源通常被称为燃烧的三要素。但是，要使燃烧发生还必须满足其他一些条件，如可燃物和助燃物有一定的数量和浓度，火源要有一定的温度和足够的热量等。由此可见，要杜绝"燃烧"，只要隔绝燃烧的三要素中的其中一个即可。例如最常见的用水扑灭火焰，即隔绝燃烧物与氧气。因此，简单来说，用难燃或不燃的涂料将可燃物表面（保温材料）封闭起来，避免可燃物直接与空气的接触，也可以使其呈现出难燃或不燃的特征。

阻燃和防火并非一回事。对于材料本身，人们一直试图提高材料的阻燃性能，进而减少火灾风险的可能性。材料的阻燃是指可燃物体通过特殊方法处理后，物体本身具有防止、减缓或终止燃烧的性能。物体的防火则是通过某种方法，使可燃物体在受到火焰侵袭时不会快速升温而遭到破坏。可见，阻燃的对象是材料本身。而防火的对象是其他需要被保护的物体，如通过在钢材表面涂覆一层难燃涂层从而实现钢材的防火。由此可见，阻燃和防火两者并不是一回事。因此，要达到有效的建筑保温防火要求，应从下面几个方面着手考虑。

（1）构造防火——从微观、中观、宏观构造出发改善保温系统防火性。

阻燃剂在燃烧过程通过发挥下列作用而使物体达到阻燃：①捕捉自由基；②吸收热量；③覆盖作用；④稀释作用；⑤脱水碳化作用。溴系阻燃剂是目前世界上产量最大的阻燃剂之一，主要作用机理是在火灾初期较低温度下迅速分解，然后快速捕捉燃烧反应中的自由基 H· 和 HO·，因而具有较高的阻燃效率。

聚苯乙烯泡沫塑料一般添加溴类阻燃剂，这类阻燃剂分解温度在 200°C 左右，泡沫板在最初的火源作用下，由于阻燃剂的作用可能无法燃烧（也有可能燃烧），但是熔化生成的油状物后，其中的阻燃剂已经消耗殆尽，不具有阻燃性能。聚苯乙烯的燃烧热为 40.18kJ/g，属于燃烧热比较高的物质，火焰温度高达 2210°C，温度和热量不断把火焰周围的聚苯乙烯加工成燃料，随着燃烧范围的不断扩大，很多杂物都有可能成为燃料。火势越来越大，逐步演变成大火。

热固性改性 EPS 是采用防火物质包裹单颗 EPS 颗粒，并成型为块状板材。热固性改性 EPS 在受到外部火源攻击后，首先 EPS 颗粒也会熔化甚至燃烧，但是每个颗粒熔化在自己的颗粒空间里，体积约是原来的 1/50，被包裹它的防火物质吸收，不会形成大量的油状物，也就无法引起火焰的传播。更重要的是，产生的蜂窝状的无机物不但可以阻止火焰和热量传播，还阻止空气和相邻泡沫的接触，外部有限火源影响到一定的深度后，由于没有足够的温度和氧气，燃烧无法进一步进行下去。综上所述，热固性 EPS 在有限外部火源的作用下，产生一定厚度的蜂窝状无机物，隔绝了空气和外部火源，从而结束了燃烧反应。这是一个典型的从微观结构层面上的防火构造。从微观上看，绝大多数可燃物质的燃烧并不是物质本身在燃烧，而是物质受热分解出的气体或液体的蒸汽在气相中的燃烧。如果物体具有防火功能，例如复合板，热源（例如电焊火花或焊渣）的热量持续时间有限，不能快速地透过无机物加热可燃物达到分解的温度，也就不能引起燃烧。从氧化剂的角度看，复合板无机材料层有效地隔绝了空气。例如 1200mm × 600mm ×30mm 的复合保温板，覆盖面积达 1.44m²，占表面积的93%，包裹后的有机保温板面几乎不跟空气直接接触，在电焊等小火源的作用下，燃烧几乎不可进行。作为一种特殊的复合板，保温装饰一体化系统占外墙保温系统的5%，已具有十几年的工程应用经验，从百度的搜索结果来看，几乎没有发生火灾的报道。说明复合板的防火构造是有效的。

国家标准《建筑防火设计规范（2018 年版）》（GB 50016—2014）中，要求当使用 B_1 级保温材料首层抹灰厚度达到15mm 时，其他层要求不低于5mm，并且要求每层做交圈的防火隔离带。通过抹灰层、无机的防火隔离带以及无机的基层墙体，360°全面覆盖了有机保温板表面，隔绝了空气和保温板的接触，让燃烧不能继续。当然在外部火源相对比较大时，需要覆盖层有足够的稳定性才能持续一定时间有效，因此对抹灰层有厚度的要求。这正是宏观上的防火构造。

（2）防火——从施工管理出发减少燃烧可能。

除了从构造上充分利用燃烧的三要素，把火灾风险降到最低外，在材料的运输、存放、施工和成品保护各个环节，也可以通过加强管理降低火灾风险。以北京市地方标准《外墙外保温工程施工防火安全技术规程》（DB 11/729—2010）为例，除了规定保温材料的燃烧性能外，它着重强调了施工防火。从施工准备、材料堆放、施工防火要点、成品保护四个过程做出了具体防火管理要求，用简单的管理手段降低火灾风险。该管理办法简单实用、可操作性强，符合燃烧的基本原理，值得推广采用。

因此，单纯地从保温材料燃烧性能分级的角度，来确定外墙外保温系统的防火性能并不是完全合理的，现实的工程实践和市场反映也不乐观。建筑防火应该从燃烧的基本原理出发，对材料、构造和施工管理等各个方面综合考评，而不是仅仅围绕材料（可燃物）一个要素研究。防火的措施多种多样，具体选择哪种措施，需要结合现实的经济、技术和社会发展水平等因素综合决定，不要一味地追求所谓的材料先进性，很多基本的技术和施工管理手段也相对更容易推广使用。

5.1.3 防火安全性评价方法

国家标准《建筑材料和制品燃烧性能分级》（GB 8624—2012）通过各种燃烧试验，对各种保温材料的燃烧性能进行分类。然而这种燃烧分级仅仅表明不同材料在相同的特定条件下对火（清洁火源）的反应，试验结果并不能完全表明真实火灾中的行为。因为在所规定的试验条件下，很多环境因素（通风、热效应、周边可燃物体、不同物体相对位置、几何因素等）没有定量考虑。为了包括这些影响，建议进行大型试验，以便能更接近实际地评估材料的火灾危险性。

当然，材料肯定对系统的耐火性是有影响的，但在某些情况下，系统中的一种材料可能会保护另一种材料；而在另一些情况下，系统中的一种材料则可能点燃另一种材料。例如，一种阻燃性很好的地毯，如果在它下面衬以可燃的橡胶垫，则后者将是点燃地毯的主要原因。所以，更实际的防火试验需要检验整个系统对一定火源的耐火性。

国家标准《建筑外墙外保温系统的防火性能测试方法》（GB/T 29416—2012）提供了目前为止外墙外保温领域内最大型的系统防火性能测试方法。本标准适用于安装在建筑外墙上的非承载外保温的防火性能试验，需要从 5 个方面进行检查、记录，并从 9 个方面的现象判定试样的防火性能。如果 9 个现象中出现任意一个，则判定该试样防火性能不合格，否则判定合格。

应当注意的是，外墙外保温是一个系统工程，不能用单一保温材料的燃烧性能分级判定系统的防火性能，国家标准《建筑外墙外保温系统的防火性能测试方法》（GB/T 29416—2012）的出台，是基本理论的重大实践，它实际模拟了系统在外部火源的反应。遗憾的是，绝大多数有多年保温行业从业经验的人，仍然着眼于保温材料的燃烧性能分级，并没有把视野拓展到综合的系统防火性能上去。今后，我国外墙外保温技术的防火安全性研究将面临更大的挑战。

5.2　北方寒冷地区民用建筑节能与防火设计特点

现阶段，尤其是国家标准《建筑设计防火规范（2018 年版）》（GB 50016—2014）发布实施以来，北方寒冷地区如北京、天津、山东、河北等地区陆续开始执行居住建筑节能 75% 设计标准，民用建筑节能与防火设计呈现出新的特点，主要体现在以下几个方面：

5.2.1　高节能率导致外墙保温层厚度越来越大，保温层与基层间粘结锚固安全性问题突出

以北方寒冷地区山东省为例，目前现浇钢筋混凝土外墙，如采用外墙外保温薄抹灰系统，居住建筑满足节能 75% 时采用常见岩棉板 YM、模塑聚苯板 EPS（或改性酚醛板 MPF）、挤塑聚苯板 XPS（或模塑石墨聚苯板 SEPS）及硬泡聚氨酯板 PU 的最小厚度分别为 120mm、80mm、70mm 和 60mm，这与过去节能 65% 时的保温层厚度明显增大，不仅带来外保温工程自重的增加，还带来锚栓连接可靠性和安全性等一系列质量耐久性问题。再比如最近在北方寒冷地区出现的改性聚苯板（或称热固复合聚苯乙烯泡沫保温板，或聚合聚苯板）等无机材料复合聚苯乙烯颗粒渗透型和包裹型 A_2 级保温材料，其导热系数一般都在 0.045W/（m·K）以上，而达到 A_2 级燃烧性能所需的材料密度至少也要平均 130kg/m³ 以上，除了吸水率和粘结性能优于岩棉板外，其实这与岩棉板的保温及密度性能是相当的，节能 75% 所需厚度也要接近 120mm 或以上，其应用优势不大。

5.2.2　A 级材料应用市场较好，但可选适宜产品技术较少

以常用 A 级岩棉板而言，因其吸水率高、密度较大、抗拉承载力较低、厚度超过100mm 等应用缺点，目前无论是在外保温、内保温和夹芯保温技术中，因为需要锚栓锚固和粘结辅助，同时带来的工程质量问题也是屡见不鲜，在很多工程中已被限制使

用。真空绝热板虽超薄、超轻，但导热系数极低，仅需20mm左右即可满足节能75%要求，但由于其不能钻孔、打眼和裁切使用以及成本较高等原因，目前应用范围并不广泛。而发泡水泥类、浆料类无机板、轻集料类、无机材料复合聚苯颗粒等无机板材或A_2级板材因其密度大、吸水率高和抗冻性差等原因等已不适用北方高节能率地区。

5.2.3 B级材料面临应用瓶颈和发展机遇

目前建筑保温市场常见的还是EPS板、XPS板、PU板和MPF板等有机保温材料，尤其是随着石墨挤塑聚苯板（SXPS板）的诞生应用，其导热系数可低至0.025W/（m·K）以下，价格也比同类的PU板低得多。同时，在保温隔热性能和密度方面，有机材料应用明显优于无机材料。但国家标准《建筑设计防火规范（2018年版）》（GB 50016—2014）关于外墙保温工程的材料选用原则，基本上是遵循宜用A级，不宜采用B_2级，有限制地采用B_1级。这似乎看起来是对B级材料的一个约束和限制或者说是应用瓶颈，但仔细研究条文可以发现，这仅仅是从材料防火的角度来看待问题，无论是内保温、外保温，还是带空腔构造的幕墙保温，都从建筑类型、建筑高度和材料燃烧性能等级方面给出了限制条件。另一方面，再研究第6.7.3条，我们会发现目前绝大多数的建筑保温结构一体化技术都是往该条的构造防火靠拢，而不必再纠缠于建筑类型、高度和必须A级材料的选择难题。也就是说，无论是最初颁布的防火规范GB 50016—2014还是最近修订的2018年版本，对于外墙保温工程的防火设计都没有再次修订，而是继续保持其2015年5月实施以来的条文规定，这是科学合理的。防火设计已由以前的46号文、65号文和350号文中规定的"材料防火"（即仅考虑保温材料的燃烧性能等级）一种选择转变为既考虑"材料防火"也认可"构造防火"，也就是说，尽管采用B_1级和B_2级材料满足第6.7.3条"构造防火"要求也可完全不必增设防火隔离带和具有不低于耐火完整性0.50h的外门窗，这是保温工程防火设计的一大进步和变革。因此，对于B级保温材料，我们看到的不仅仅是应用瓶颈，还有更多的发展机遇，尤其对于目前的建筑保温结构一体化技术而言。

5.2.4 高效保温性能阻燃型B_1级材料防火体系的安全性不容忽视

现行防火规范对于"构造防火"的相关规定，一方面肯定了B级材料的应用范围，另一方面也否定了"复合A级"的传统概念。所谓复合A级，也就是说，将A级材料与B级材料非匀质地复合在一起，能够起到一定的阻燃和隔离防火的作用，也有的称之为"系统防火"的概念，但是在防火规范中一直没有这样的规定和要求，因此复合A级或者系统防火的设计"擦边球"技术方案在现行的2018年版GB 50016—2014中是行不通的。由于火灾危险性重在"消"和"防"，而且坚持"预防为主"的方针政策，因此当采用B级材料时，选用B_1级材料是最佳选择。目前市场最新出现的石墨挤塑版（SXPS）、改性酚醛板（MPF）、GPES硬质泡沫复合塑料保温板和GPIR硬质泡沫复合塑料保温板就是很好的B_1级保温材料，其导热系数均可达0.025W/（m·K）以下，其密度也均可低至40kg/m^3以下。但对于B级保温材料的改性，除了无机材料复合聚苯乙烯颗粒类近A_2级改性外，无论其阻燃性能多么优良，其最终的燃烧性能等级也是界定为

B_1 级。因此，本文著者认为，对于 B_1 级保温材料的防火设计，不能突破现有国家标准（GB 50016—2014）的相关规定而采用其他"系统防火"或者"变通系统构造"的方式来降低防火要求，如要突破，那也要严于现行国家规范要求，而不能松于现行国家标准，或者紧靠几个"系统窗口火"试验结果、保温层外侧防护层烧失情况试验、单位面积系统可燃物数量等现行国家标准《建筑设计防火规范（2018 年版）》（GB 50016—2014）没有规定的量化指标来类似套用及曲解第 6.7.3 条的"构造防火"条文。

5.2.5　建筑保温结构一体化技术工程应用方兴未艾

上述分析可以看出，建筑保温结构一体化技术除了很好地解决了保温工程与结构工程的同步施工问题外，也确实扩大了 B 级材料的适用范围和适用条件，也具有一定的经济合理性和应用性价比。目前寒冷地区尤其是山东省对于 B_1 级改性酚醛板（MPF）产量很大，但鉴于其产品易粉化及粘结性能欠佳等应用缺点，应用在外墙保温工程尤其是薄抹灰系统中弊端很大，尤其是其保温板与基层的拉伸粘结性能试验和现场拉拔检测试验往往会遇到应用瓶颈，如由"材料防火"逐步转向"构造防火"的新型防火设计思路，在建筑保温结构一体化技术应用中或许会更好地发挥其阻燃型保温材料优势。同时无论是外模板类现浇体系、夹芯保温现浇体系、砌体类自保温体系还是预制装配式自保温墙板体系，各种建筑保温结构一体化技术如雨后春笋一般，呈现出百花齐放、百家争鸣的发展应用态势。

5.3　不同时期建筑保温材料防火设计及相关对策

5.3.1　《高层民用建筑设计防火规范（2005 年版）》（GB 50045—1995）和《建筑设计防火规范》（GB 50016—2006）

过去相当长一段时间，我国对这一领域研究和技术规范还远远不够，《高层民用建筑设计防火规范（2005 年版）》（GB 50045—1995）中尚无针对外墙保温材料的防火设计内容，对外墙保温材料缺乏分级标准和使用范围限定，外墙保温防火技术也没有国家或行业标准及规范，生产企业的产品说明书中一般缺少防火性能指标。自《建筑设计防火规范》（GB 50016—2006）与《高层民用建筑设计防火规范（2005 年版）》（GB 50045—1995）分别自 2006 年 12 月 1 日和 2005 年 7 月 15 日实施以来，全国范围的民用建筑也陆续强制性执行第二阶段的节能设计标准，建筑保温工程的防火问题也正是在这一阶段暴露出越来越多的问题。从前述火灾案例可以看出，较大火灾大多是发生在这一阶段，从这两本规范内容看，并没有对外墙保温工程的保温材料做出非常明确的防火设计要求。

由于其成本较低等因素，聚苯板薄抹灰系统在国内外墙保温系统中占有主导地位。聚苯板薄抹灰系统在发达国家因其防火性能较差，而对其使用范围有严格的限制，但在国内没有标准对此做出规定。几乎所有聚苯板薄抹灰外墙外保温做法的生产单位对聚苯板薄抹灰系统的火灾隐患都视而不见，国内高层、超高层建筑上用聚苯板薄抹灰网格布粘贴面砖的外墙外保温做法也相当普遍，这种做法的危险性在于：一旦火灾发生，不仅有机保温板燃烧产生的有毒气体和火焰会给逃生者带来巨大危险，同时因聚苯板受热产生的热熔缩变形以及网格布过热折断而导致瓷砖坠落，对逃生人员和救助人员造成的潜在危险也是致命的。正是因为在外墙保温设计、施工过程中和施工完毕后对防火问题的忽视和存在侥幸心理，由可燃外墙保温材料导致火灾发生或加速蔓延的案例令人触目惊心。

5.3.2　《民用建筑外保温系统及外墙装饰防火暂行规定》（公通字〔2009〕46 号）

针对我国外墙保温材料在应用中出现的火灾这一突出问题，2009 年 9 月 25 日公安部与住房城乡建设部联合下发《民用建筑外保温系统及外墙装饰防火暂行规定》（公通字〔2009〕46 号）中对应用于民用建筑的外保温材料燃烧性能宜为 A 级，且不应低于 B_2 级，并分别针对非幕墙建筑中住宅建筑、其他民用建筑的保温材料燃烧性能做出规定，且根据不同建筑高度分情况设置防火隔离带，同时对外保温系统的不燃或难燃材料防护层厚度根据首层和其他层分别做出不应低于 6mm 和 3mm 的明确规定，对幕墙建筑保温材料和防火隔离带设置及基层墙体内部空腔等做出明确规定。但是，这并没有有效遏制保温工程的火灾发生的问题。

5.3.3　《关于进一步明确民用建筑外保温材料消防监督管理有关要求的通知》（公消〔2011〕65 号）

公安部消防局在 2011 年 3 月 14 号下发《关于进一步明确民用建筑外保温材料消防监督管理有关要求的通知》（公消〔2011〕65 号）中明确规定了从严执行《民用建筑外保温系统及外墙装饰防火暂行规定》（公通字〔2009〕46 号）第二条规定，民用建筑外保温材料采用燃烧性能为 A 级的材料，至此 A 级保温材料独占保温工程市场，B 级保温材料失去了应用发言权，可谓是建筑保温防火设计历史上的重要转折点。

5.3.4　《关于民用建筑外保温材料消防监督管理有关事项的通知》（公消〔2012〕350 号）

可是，随后 2012 年 12 月 3 日公安部消防局下发《关于民用建筑外保温材料消防监督管理有关事项的通知》（公消〔2012〕350 号）指出公消〔2011〕65 号文是"对建筑外墙保温材料使用及管理提出了应急性要求"而不再执行，对新建、扩建、改建的建设工程使用外保温材料的防火性能及监督管理工作又回到了公通字〔2009〕46 号文，这就意味着 B 级保温材料又恢复使用。可见，由公通字〔2009〕46 号文到公消〔2011〕65 号文再回到公通字〔2009〕46 号文，短短 4 年间，保温材料燃烧性能由宜用 A 级到禁用 B 级再到有条件允许采用 B 级，我国的建筑保温材料应用面临几多变数和起伏。

5.3.5　《建筑设计防火规范》（GB 50016—2014）

鉴于近年来尤其是自 2003 年至今，国内保温工程屡屡出现火灾事故，我国于 2015 年 5 月 1 日正式实施的国家标准《建筑防火设计规范》（GB 50016—2014）正式将《工程民用建筑设计防火规范（2005年版）》（GB 50045—1995）与《建筑设计防火规范》（GB 50016—2006）合并为《建筑设计防火规范》（GB 50016—2014），调整解决了两者不协调的相关要求，尤其是补充了建筑保温系统的防火要求，并且明确了保温材料的工程应用原则即"宜用A级保温材料，有限制性条件地采用B_1保温材料，不宜采用B_2保温材料，严禁采用B_3保温材料"。因此《建筑设计防火规范》（GB 50016—2014）对不同燃烧性能等级的建筑保温材料进行了适用范围界定和条件划分。

（1）A级保温材料适用范围

目前应用较多且燃烧性能等级为A级的保温材料主要有岩棉类、玻璃棉类、无机纤维喷涂类、真空绝热板类、无机浆料保温板类（如胶粉聚苯颗粒、玻化微珠、珍珠岩等）和发泡水泥板类等。尽管A级保温材料在密度和设计厚度方面工程应用性优势不大，但最大优势在于可适用于不同保温系统的各类民用建筑和不同建筑功能部位而无须另行设置防火隔离带，仅需要设置满足建筑热工性能要求的节能门窗即可，并不对其门窗的耐火完整性做出具体要求和规定，而满足耐火完整性不低于0.50h的节能门窗恰恰是决定建筑保温工程解决成本的重要影响因素[4]。根据国家标准《建筑防火设计规范》（GB 50016—2014）相关规定，A级保温材料的主要适用范围如下：

① 所有的民用建筑外墙及屋面保温工程。

② 采用外墙内保温系统的人员密集场所，用火、燃油、燃气等具有火灾危险性的场所以及各类建筑内的疏散楼梯间、避难走道、避难间、避难层等场所或部位。

③ 设置人员密集场所建筑的外墙外保温材料。

④ 采用无空腔外墙外保温系统，建筑高度大于100m的住宅建筑和建筑高度不大于50m的公共建筑。

⑤ 采用幕墙类有空腔外保温系统，高度大于24m的建筑。

⑥ 采用B_1级和B_2级有机保温材料需设置墙体水平防火隔离带和屋面防火隔离带的部位。

（2）B_1级保温材料适用范围

当建筑保温系统采用B_1级保温材料时，需要有条件的采用，而不像A级保温材料的适用范围那样不受防火设计条件约束和限制，其主要适用范围如下：

① 外墙内保温系统除人员密集场所，用火、燃油、燃气等具有火灾危险性的场所以及各类建筑内的疏散楼梯间、避难走道、避难间、避难层等场所或部位外的其他场所，可采用低烟低毒的B_1级保温材料，但其保温层外侧的不燃防护层厚度不应低于10mm。

② 建筑外墙采用B_1级保温材料与两侧墙体构成无空腔复合保温结构体，且该结构体的耐火极限要符合防火设计规范要求，同时B_1级保温材料两侧的墙体均应采用厚度不低于50mm的不燃材料。

③ 无空腔外墙外保温系统建筑高度不大于100m的住宅建筑和除设置人员密集场所建筑外的建筑高度不大于50m的公共建筑。其中建筑高度不大于27m的住宅建筑和建筑高度不大于24m的公共建筑采用B_1级保温材料时需每层设置高度不低于300mm的水平防火隔离带而无须采用耐火完整性不低于0.50h的门窗；建筑高度为27～100m的住

宅建筑和建筑高度为 24～50m 的公共建筑采用 B_1 级保温材料时应每层设置水平防火隔离带和采用耐火完整性不低于 0.50h 的门窗。因此 B_1 级保温材料在无空腔外墙外保温系统应用中的经济成本主要取决于其建筑高度，尤其是应用在建筑高度不大于 27m 的多层住宅建筑和建筑高度不大于 24m 的多层公共建筑时因无须设置耐火完整性不低于 0.50h 的门窗具有一定的性价比优势，但注意无论建筑高度多少其保温系统均需设置每层不低于 300mm 的水平防火隔离带，且 B_1 级保温材料外侧不燃保护层厚度首层和其他层分别不应低于 15mm 和 5mm。

④ 除设置人员密集场所建筑外的建筑高度不大于 24m 的幕墙类有空腔外保温系统，且 B_1 级保温材料外侧不燃保护层厚度首层和其他层分别不应低于 15mm 和 5mm。

⑤ 屋面保温系统，且屋面和外墙均采用 B_1、B_2 级保温材料时，两者之间应设置宽度不低于 500mm 的防火隔离带。

⑥ 建筑高度不大于 50m 的建筑外墙装饰层。

综上，目前防火设计规范对于 B_1 级保温材料的应用给出了很多的适用范围和条件限制，但相较于 B_2 级保温材料而言，其应用范围和部位还是大了很多，且鉴于其阻燃效果好，目前还是主要的保温材料，也是市场选择的主流。同时对于 B_1 级保温材料，本书需要指出的是，规范给出了材料防火和构造防火两种设计途径，尤其是 B_1 级保温材料带来了更为广阔的应用空间，B_1 级保温材料应用需要在结合现有规范准确理解基础之上，在各类建筑保温与一体化技术中大量应用，而不必像应用在外墙内保温、外保温技术时那样的防火设计条件限制，这也是本书需要强调的重点之一。因此，防火规范对保温材料的明确规定中提出"宜用 A 级，不宜采用 B_2 级，严禁 B_3 级"，而唯独没有对 B_1 级采用具有倾向性的用词术语。

（3） B_2 级保温材料适用范围

现行防火规范对于 B_2 级保温材料采用了"不宜"的用词说明，即允许稍有选择但在条件许可时首先应这样做的反面用词。其主要的适用范围如下：

① 建筑外墙采用 B_2 级保温材料与两侧墙体构成无空腔复合保温结构体，且该结构体的耐火极限要符合防火设计规范要求，同时 B_2 级保温材料两侧的墙体均应采用厚度不低于 50mm 的不燃材料。

② 建筑高度不大于 27m 的多层住宅建筑和除设置人员密集场所建筑外的建筑高度不大于 24m 的多层公共建筑，但应注意使用限制条件有 3 个：一是应设置耐火完整性不低于 0.50h 的门窗；二是保温系统均需设置每层不低于 300mm 的水平防火隔离带；三是 B_2 级保温材料外侧不燃保护层厚度首层和其他层分别不应低于 15mm 和 5mm。

③ 屋面板耐火极限不低于 1.00h 时的屋面外保温系统。此时 B_2 级保温材料外侧不燃保护层厚度不应低于 10mm，且屋面和外墙均采用 B_1 级或 B_2 级保温材料时，两者之间应设置宽度不小于 500mm 的防火隔离带。

综上可见，除 B_2 级保温材料与两侧不低于 50mm 墙体构成无空腔复合保温结构体外，B_2 级保温材料不适用于外墙内保温系统、有空腔幕墙保温系统、建筑高度大于 27m 的住宅建筑和建筑高度大于 24m 的公共建筑。因此对于 B_2 级保温材料采取限制使用，也主要是由于其属于普通可燃材料，当点火源功率较大或有强热辐射时，容易燃烧且火焰传播速度快而有较大的火灾危险性。如要采用，必须采取严格措施进行保护，同时注意施工过程中的防火安全措施，如分别堆放、远离焊接区域或上墙后立即做构造防火措施等，总之是规范不建议采用 B₂ 级保温材料。

5.4　建筑保温一体化技术体系防火设计与应用对策

5.4.1　夹芯保温类现浇混凝土一体化技术体系防火设计

本书所列举夹芯保温类现浇混凝土一体化技术，其主要典型技术体系有以下 5 类：

① CL（Composite Light-weight Building System）夹芯保温现浇墙体自保温体系；

② IPS（Insulation Panel with Steel-mesh）现浇混凝土剪力墙自保温系统；

③ SW 钢网夹芯板现浇钢筋混凝土墙体自保温系统；

④ CCW 钢丝网架板现浇钢筋混凝土墙体自保温系统；

⑤ RQB（睿利特）现浇混凝土内置钢丝网架保温板系统。

它们的共同特征在于，内外叶钢筋混凝土墙体通过中间的钢丝网架保温板连接复合而成夹芯保温墙体，因此这类技术体系的防火设计只需完全符合国家标准《建筑设计防火规范（2018 年版）》（GB 50016—2014）的第 6.7.3 即可，目前在工程设计中毫无应用争议可言。那就是夹芯保温层采用 B₁ 或 B₂ 级保温材料，且内外叶不燃防护层墙体满足不低于 50mm 即可，同时要求该复合结构体的耐火极限应符合要求。该技术体系无须设置防火隔离带，也无须设置耐火完整性不低于 0.50h 的外墙节能型门窗。

在实际工程应用中，最容易被忽略的地方在于"该复合结构体的耐火极限"要求。这里所谓的"复合结构体的耐火极限"显然是指包括内叶墙、保温芯材和外叶墙三部分共同组成的复合保温墙体，而不是指内侧基层墙体的耐火极限，这是应该注意的地方。也就是说，该复合结构体应该作为建筑外墙的一个整体性围护构件使用，包括承重和非承重两种情况，只不过该外墙构件在使用功能中作为围护墙体材料作为结构构件或非结构构件使用，同时该外墙构件不是如钢筋混凝土墙体构件一样的匀质材料构成，而是由"三明治"方式构造复合而成。

5.4.2　免拆复合保温外模板类现浇混凝土一体化技术体系防火设计

根据其复合保温外模板所用内部部位芯材燃烧性能等级的不同，又可细分为两类：一是有机保温材料复合外模板一体化技术；二是有无保温材料复合外模板一体化技术。本书所列举主要典型免拆复合保温外模板类现浇混凝土一体化技术共 10 类进行对比分析。

1. 有机保温材料复合外模板一体化技术体系防火设计应用对策

本书所列举主要典型有机保温材料复合外模板一体化技术体系有以下 6 类：

① FS 外模板现浇混凝土墙体保温系统；

② CT 外模板现浇混凝土墙体保温系统；

③ FW 外模板现浇混凝土墙体保温系统；

④ PSI 板现浇混凝土无空腔复合墙体保温系统（LJS 叠合板现浇混凝土复合保温

系统）；

⑤ DH 外模板现浇混凝土墙体保温系统；

⑥ MW 外模板现浇混凝土墙体保温系统。

它们的共同特征在于，保温复合外模板作为现浇基层墙体的免拆模板使用，与基层墙体一起共同组成复合保温墙体。但这类体系构造与上述夹芯保温类现浇混凝土一体化技术不太一样之处在于，其复合保温模板一般由 B_1 级或 B_2 级有机保温芯材和无机不燃防护层组成，为达到防火设计应用要求，其复合保温模板外侧不燃 A 级防护层厚度往往为 20～40mm，个别省份（如北方省份的河北省）要求其复合保温模板外侧不燃 A 级防护层厚度必须达到至少 50mm。但免拆模板施工后，为处理其复合保温模板外表面不平整情况，需要另行设置找平层和抹面层，一般为 20～30mm，这样使得复合保温模板内芯材外侧的不燃 A 级防护层厚度（包括复合保温模板的芯材外侧厚度和复合保温模板外侧需要找平抹面的不燃 A 级防护层厚度两部分在内）不低于 50mm。也就是说，现浇基层墙体 + 复合保温模板 + 找平层 + 抹面层，它们共同组成了复合保温结构墙体，可以与上述夹芯保温类现浇混凝土一体化技术一样按国家标准《建筑设计防火规范（2018年版）》（GB 50016—2014）的第 6.7.3 条执行。因此，对于有机保温材料复合外模板一体化技术体系的防火设计在不同省份和不同地域的具体要求是不一样的，各地的理解也不同，《建筑设计防火规范（2018 年版）》（GB 50016—2014）的相关条文说明也没有给出具体解释和说明，这是该技术体系存在的最大争议所在。同时，业内工程应用人员也指出，外抹找平的不燃防护层厚度和抹面抗裂层厚度是否算作"复合结构体"的一部分？将"外抹找平的不燃防护层和抹面抗裂层"计入防火设计的不燃防护层厚度是否合理？此外，既然是依据《建筑设计防火规范（2018 年版）》（GB 50016—2014），"复合结构体"即指包括"外抹找平的不燃防护层和抹面抗裂层"在内的复合墙体，其复合墙体的耐火极限试验方法如何确定？是按基层墙体的耐火极限还是按"基层墙体 + 复合保温模板"组合体的耐火极限，或者是按"基层墙体 + 复合保温模板 + 外抹找平的不燃防护层 + 抹面抗裂层"组合体的耐火极限？它们的耐火极限试验方法和试件制作要求是不一样的，那么耐火极限的试验结果也是不同的。但是目前大部分省份在具体工程应用中，鉴于现浇墙体厚度一般不小于 200mm，并没对复合保温墙体的耐火极限提出要求，而是要求其"复合墙体"的保温芯材外侧的不燃防护层厚度不小于 50mm 即可，这就是该技术体系针对工程应用时的防火设计现状，即按国家标准《建筑设计防火规范（2018 年版）》（GB 50016—2014）的第 6.7.3 条执行防火设计。

2. 无机保温材料复合外模板一体化技术体系防火设计应用对策

本书所列举主要典型无机保温材料复合外模板一体化技术体系有以下 4 类：

① SR 外模板现浇混凝土墙体保温系统；

② SMXT 外模板现浇混凝土墙体保温系统；

③ KP 外模板现浇混凝土墙体保温系统；

④ 钢板网复合真空绝热板建筑保温系统。

由于复合外模板一体化技术体系均采用不燃无机材料，因此其各部分材料燃烧性能均为 A 级，适用于各类包括住宅建筑和公共建筑在内的民用建筑。工程设计应用中，该技术体系无须设置防火隔离带，也无须设置耐火完整性不低于 0.50h 的外墙节能型门窗。

5.4.3　装配式预制墙体类一体化技术体系防火设计

本书所列举主要典型技术体系有以下 4 类：

① LQ 装配式混凝土复合墙板；

② DH 预拼装复合保温轻质外墙板；

③ JS 装配式保温装饰一体化墙板；

④ YB 装配式轻质装饰保温外墙板（秸秆）。

除了 JS 装配式保温装饰一体化墙板采用 A 级岩棉材料作为保温芯材外，其他 3 类均采用有机保温材料作为保温芯材。因此 JS 装配式保温装饰一体化墙板作为 A 级不燃材料外墙构件，其在防火设计应用时，可适用于各类民用建筑保温工程，无须设置防火隔离带，也无须设置耐火完整性不低于 0.50h 的外墙节能型门窗。其他 3 类如 LQ 装配式混凝土复合墙板、DH 预拼装复合保温轻质外墙板和 YB 装配式轻质装饰保温外墙板（秸秆），它们虽然构造各不相同，也不是由单一匀质材料如钢筋混凝土材料等组成的外墙围护性非结构构件或结构构件，但是它们作为"复合结构体"外墙构件可以按国家标准《建筑设计防火规范（2018 年版）》（GB 50016—2014）的第 6.7.3 条执行防火设计，对于该类"复合结构体"的耐火极限应按一个整体性墙体构件进行试验测定。因此该类除了采用无机不燃 A 级材料的装配式预制墙体类一体化技术体系外，大部分防火设计同夹芯保温类现浇混凝土一体化技术体系一样，在实际工程应用中是按照夹芯保温复合墙体进行防火设计的。

5.4.4　自保温砌体类一体化技术体系防火设计

本书所列举主要典型技术体系有以下 4 类：

① 非承重复合自保温砌块；

② 自保温蒸压加气混凝土砌块；

③ 蒸压瓷粉加气混凝土砌块；

④ 混凝土夹芯秸秆砌块。

上述 4 类典型技术体系中，除蒸压瓷粉加气混凝土砌块为 A 级不燃材料外，其他 3 类均为不同构造形式的夹芯保温构造，只不过有的是芯材贯通型夹芯保温构造，有的是砌块四壁内夹芯保温构造，但同样是依据或参照国家标准《建筑设计防火规范（2018 年版）》（GB 50016—2014）的第 6.7.3 条执行防火设计。需要说明的是，非承重复合自保温砌块在设计工程应用中其外壁厚度不低于 20mm，加之找平和抹面砂浆厚度，需要满足总厚度不低于 50mm，但往往在工程设计应用中，工程设计人员仅仅是要求砌块"自保温"，而出现"外壁厚度 + 找平砂浆厚度 + 抹面砂浆厚度"不满足 50mm 的现象，而很少关注其应用性能的防火设计要求。同时需要注意的是，即使非承重复合自保温砌块的"外壁厚度 + 找平砂浆厚度 + 抹面砂浆厚度"能够满足不低于 50mm 设计要求，如上述提及的有机保温材料复合外模板一体化技术体系防火设计一样，"找平砂浆厚度 + 抹面砂浆厚度"与非承重复合自保温砌块共同组成"复合保温墙体"，这样类似夹芯保温构造的所谓"复合结构体"是否真正满足国家标准《建筑设计防火规范（2018 年版）》（GB 50016—2014）的第 6.7.3 条？这是目前防火设计规范编制组需要根据具体情况予以说明或者明确的争议之处。也是本书重点提出并需要强调的地方，但是目前大部分省份的自保温砌体类一体化技术体系基本上都是按国家标准《建筑设计防火规范（2018 年版）》（GB 50016—2014）的第 6.7.3 条执行的。

5.5 建筑保温一体化技术复合墙体耐火性能和耐火试件

5.5.1 建筑保温一体化技术复合墙体耐火性能

建筑保温一体化技术复合墙体耐火性能试验的主要目的是确定其建筑构件的"耐火极限"。耐火极限（fire resistance rating）是指在标准耐火试验条件下，建筑构件、配件或结构从受到火的作用时起至失去承载能力、完整性或隔热性时止用小时表示的所用时间，这里"标准耐火试验条件"是指符合国家标准规定的耐火试验条件。因此达到耐火极限的判定条件有 3 个，即（1）失去承载能力；（2）失去完整性；（3）失去隔热性。但对于不同类型的建筑构件，其耐火极限的判定标准也不一样，如非承重墙体，因不具备承重能力而无须考察其受火状态时的承载能力，而主要考察其试验条件下的完整性和隔热性，但对于承重墙体则需同时考虑承载能力、完整性和隔热性；对柱而言，因存在失稳承载力问题则主要侧重考察其试验条件下的承载力和稳定性能。因此，对于建筑保温一体化技术复合墙体组成的建筑构件，其耐火极限判定标准和代表含义应详见现行国家标准《建筑构件耐火试验方法》（GB/T 9978.1～GB/T 9978.9），其中就墙体分类而言，主要包括承重构件和分隔构件两类。判定复合墙体的耐火性能，应根据《建筑构件耐火试验方法　第 1 部分：通用要求》（GB/T 9978.1—2008）第 10.1 条"一般要求"，建筑保温一体化技术复合墙体首先作为建筑分隔构件使用，其耐火性能应满足分隔构件的完整性和隔热性要求；对于承重墙体构件，其耐火性能尚应满足承重构件的稳定性要求。也就是说，建筑保温一体化技术复合墙体的耐火性能判定应符合：

（1）非承重复合墙体耐火性能判定内容：①完整性；②隔热性。耐火性能试验详见《建筑构件耐火试验方法　第 8 部分：非承重垂直分隔构件的特殊要求》（GB/T 9978.8—2008）。

（2）承重复合墙体耐火性能判定内容：①承载能力；②完整性；③隔热性。耐火性能试验详见《建筑构件耐火试验方法　第 4 部分：承重垂直分隔构件的特殊要求》（GB/T 9978.4—2008）。

建筑保温一体化技术复合墙体试件的耐火极限是指满足相应耐火性能判定准则的时间。在其判定准则中要遵循"隔热性和完整性对应承载能力"即"当试件承载能力不足时，其隔热性和完整性义不符合要求"；还要遵循"隔热性对应完整性"即"当试件完整性不符合要求时，其隔热性亦不符合要求"。也就是说试件承载能力决定其完整性和隔热性，试件完整性决定其隔热性。

5.5.2　建筑保温一体化技术复合墙体耐火试件

明晰了上述有关建筑保温一体化技术复合墙体耐火性能有关判定准则，其满足相应耐火性能判定准则的时间即耐火极限（h）。但问题的关键在于，在按现行国家标准《建筑设计防火规范（2018 年版）》（GB 50016—2014）进行防火设计时，对于建筑保温系统的"外保温系统"和"内保温系统"作为附着于基层墙体的非结构构件或者建筑配件使用，应该是与基层墙体共同组成"垂直分隔构件"而非孤立存在的非结构构件或者建筑配件，那么在进行包括保温系统在内的复合墙体耐火性能试验时，试件制作是否包含保温系统？应该说对于 B 级材料组成的外保温系统或内保温系统非结构构件，其"隔热性和完整性"是很差的，那么是否可理解为此时仅考虑基层墙体试件的耐火性能而不考虑所附着的保温系统的耐火性能？这是需要明确的问题之一。

此外，对于满足国家标准《建筑设计防火规范（2018 年版）》（GB 50016—2014）第 6.7.3 条所谓"夹芯保温构造"复合结构体作为整体性的单一建筑构件使用，其试件应该是包含内外叶墙和保温层在内的复合结构体构件，而不是一层或者两侧的基层墙体，这是我们应该明确的概念。那么在免拆复合保温外模板类现浇混凝土一体化技术体系防火设计时，除了构造上的内外叶墙厚度要求外，其"复合结构体"也应该按一个试件进行耐火极限试验，而不是仅仅试验其现浇墙体，这样的体系是否能经得住建筑外墙构件耐火极限的要求？这样根据国家标准《建筑设计防火规范（2018 年版）》（GB 50016—2014）进行耐火极限试验是否合理可靠并真正起到防火设计的目的？这是本书提醒读者需要思考和注意的地方，也是本书著者一直困惑、需要释疑并试图寻求合理解决各类保温结构一体化技术防火设计的目的之一。针对这些类似于防火设计"擦边球"的情况，随着建筑保温技术的不断发展，建议现行设计规范不断与时俱进进行及时修订，并相应完善其防火设计应用内容。

参考文献

［1］中华人民共和国国家质量监督检验检疫总局，中国国家标准化协会. 建筑材料及制品燃烧性能分级：GB 8624—2014［S］. 北京：中国标准出版社，2014.

［2］中华人民共和国国家质量监督检验检疫总局，中国国家标准化管理委员会. 外墙外保温系统的防火性能试验方法：GB/T 29416—2012［S］. 北京：中国标准出版社，2012.

［3］中华人民共和国住房和城乡建设部. 建筑外墙外保温防火隔离带技术规程：JGJ 289—2012［S］. 北京：中国建筑工业出版社，2012.

［4］中华人民共和国住房和城乡建设部. 建筑防火设计规范：GB 50016—2014［S］. 北京：中国计划出版社，2014.

［5］中华人民共和国建设部国家质量监督检验检疫总局. 建筑防火设计规范：GB 50016—2006［S］. 北京：中国计划出版社，2006.

［6］国家技术监督局，中华人民共和国建设部. 高层民用建筑设计防火规范（2005 年版）：GB 50045—1995［S］. 北京：中国计划出版社，2005.

第6章 建筑保温结构一体化技术体系抗风荷载设计

6.1 建筑保温系统风荷载标准值

建筑保温系统属于建筑外墙围护结构的组成部分，因此应按国家标准《建筑结构荷载规范》（GB 50009—2012）中的围护结构进行风荷载计算。以寒冷地区山东省威海市为例（山东省50年一遇的风荷载取值最大），按《建筑结构荷载规范》（GB 50009—2012）和50年一遇的基本风压 $w_0 = 0.65 \times 1.05 = 0.683$（$kN/m^2$）（$> 0.30kN/m^2$）计算围护结构风荷载，50年一遇基本雪压 $S_0 = 0.50kN/m^2$，地面粗糙度按B类，对垂直于建筑物表面的风荷载标准值，计算围护结构时，应按下式进行计算作用于建筑保温系统的风荷载标准值[1]。

$$w_k = \beta_{gz} \cdot \mu_{sl} \cdot \mu_z \cdot w_0 > 1.0kN/m^2 \tag{6.1}$$

式中 w_k——围护结构垂直于建筑物表面的风荷载标准值；风荷载的组合值系数、频遇值系数和准永久值系数可分别取 0.6、0.4 和 0。

β_{gz}——根据《建筑结构荷载规范》（GB 50009—2012）中表8.6.1可知，阵风系数 β_{gz} 随地面粗糙度由A至D类取值呈递增趋势，建筑高度由低至高阵风系数取值呈递减趋势（↓）。

μ_z——根据《建筑结构荷载规范》（GB 50009—2012）中表8.2.1可知，风压高度变化系数 μ_z 随地面粗糙度由A至D类取值呈递减趋势（↓），建筑高度由低至高 μ_z 取值呈递增趋势（↑），这与 β_{gz} 随地面粗糙度类别和高度的变化趋势关系正好相反。

μ_{sl}——对于直接承受风荷载的墙面构件，μ_{sl} 按表6.1取值。最不利的风荷载局部体型系数 $\mu_{sl} = -1.4$。

w_0——50年一遇的基本风压，$w_0 = 0.65kN/m^2 > 0.30kN/m^2$，设计中偏安全地按围护结构的重要性系数与主体结构等同考虑。对于围护结构，由于其重要性相对主体结构而言要略低一些，亦可不考虑其结构重要性系数，而直接取50年一遇的基本风压。

这里未考虑围护结构的安全性系数1.05，因此直接作用于墙面的风荷载标准值 $w_k = \beta_{gz} \cdot \mu_{sl} \cdot \mu_z \cdot w_0 = \mu_{sl} \cdot (\beta_{gz} \cdot \mu_z) \cdot w_0 = (-1.4) \times 3.0 \times 0.65 = -2.73$（$kN/m^2$），设计中取值 $w_k = 2.73kN/m^2 > 1.0kN/m^2$（符合要求），即垂直于墙板方向的水平风荷载标准值 $w_k = 2.73kN/m^2$。见表6.1。

表 6.1　直接承受风荷载的墙面构件风荷载局部体型系数 μ_{sl} 取值

类别	体型及局部体型系数	备注
封闭式矩形平面房屋的墙面		E 应取 $2H$ 和迎风宽度 B 中较小者

迎风面		1.0
侧面	S_a	−1.4
	S_b	−1.0
背风面		−0.6

根据表 6.2 可知，尽管 β_{gz}、μ_z 随建筑高度和地面粗糙度类别的变化规律不同，但整体来看，$\beta_{gz} \cdot \mu_z$ 随地面粗糙度类别由 A 至 D 风荷载影响成下降趋势，$\beta_{gz} \cdot \mu_z$ 随建筑高度由低至高呈上升趋势。因此，设计中可取地面粗糙度 B 类 100m 高度进行取值，$\beta_{gz} \cdot \mu_z = 3.0$。

6.2　建筑保温系统抗风荷载设计实例分析

6.2.1　模塑 EPS 板薄抹灰保温系统抗风荷载设计

以寒冷地区山东省为例，按建筑高度 99.6m 住宅建筑设计，标准设防类（丙类建筑），节能 75% 采用 80mm 厚 EPS 板薄抹灰外保温系统，抹面层为 5mm 厚抹面胶浆复合一层耐碱玻纤网，采用粘锚结合工艺与 200mm 厚基层墙体结合在一起，涂料饰面。以寒冷地区山东省威海市为例（山东省 50 年一遇的风荷载取值最大），基本风压最大值 w_0 取 0.65kN/m^2，地面粗糙度按 B 类，暂不考虑抗震设计。

鉴于围护结构的安全等级可稍低于主体结构，本实例没有考虑因在高层建筑中受风荷载影响而予以提高其基本风压值 w_0，即仍取 $w_0 = 0.65\text{kN/m}^2$ 进行保温系统的抗风荷载设计。

（1）建筑保温系统作为围护结构计算其垂直于建筑物表面的风荷载标准值，应采用下列设计表达式。各参数取值参见表 6.3。

$$w_k = \beta_{gz}\mu_{sl}\mu_z w_0 \tag{6.2}$$

式中　w_k——风荷载标准值（kN/m^2）；

　　　β_{gz}——高度 z 处的阵风系数；

　　　μ_{sl}——风荷载局部体型系数；

　　　μ_z——风压高度变化系数；

　　　w_0——基本风压（kN/m^2）。

表6.2 β_{gz}、μ_z和$\beta_{gz} \cdot \mu_z$的关系对比表

离地面高度 H (m)	地面粗糙度类别											
	A类			B类			C类			D类		
	β_{gz}	μ_z	$\beta_{gz} \cdot \mu_z$	β_{gz}	μ_z	$\beta_{gz} \cdot \mu_z$	β_{gz}	μ_z	$\beta_{gz} \cdot \mu_z$	β_{gz}	μ_z	$\beta_{gz} \cdot \mu_z$
5	1.65	1.09	1.800	1.70	1.00	1.700	2.05	0.65	1.333	2.40	0.51	1.224
10	1.60	1.28	2.048	1.70	1.00	1.700	2.05	0.65	1.333	2.40	0.51	1.224
15	1.57	1.42	2.229	1.66	1.13	1.876	2.05	0.65	1.333	2.40	0.51	1.224
20	1.55	1.52	2.356	1.63	1.23	2.005	1.99	0.74	1.473	2.40	0.51	1.224
30	1.53	1.67	2.555	1.59	1.39	2.210	1.90	0.88	1.672	2.40	0.51	1.224
40	1.51	1.79	2.703	1.57	1.52	2.386	1.85	1.00	1.850	2.29	0.60	1.374
50	1.49	1.89	2.816	1.55	1.62	2.511	1.81	1.10	1.991	2.20	0.69	1.518
60	1.48	1.97	2.916	1.54	1.71	2.633	1.78	1.20	2.136	2.14	0.77	1.648
70	1.48	2.05	3.034	1.52	1.79	2.721	1.75	1.28	2.240	2.09	0.84	1.756
80	1.47	2.12	3.116	1.51	1.87	2.824	1.73	1.36	2.353	2.04	0.91	1.856
90	1.46	2.18	3.183	1.50	1.93	2.895	1.71	1.43	2.445	2.01	0.98	1.970
100	1.46	2.23	3.256	1.50	2.00	3.000	1.69	1.50	2.535	1.98	1.04	2.059
150	1.43	2.46	3.518	1.47	2.25	3.308	1.63	1.79	2.918	1.87	1.33	2.487
200	1.42	2.64	3.749	1.45	2.46	3.567	1.59	2.03	3.228	1.79	1.58	2.828
250	1.41	2.78	3.920	1.43	2.63	3.761	1.57	2.24	3.517	1.74	1.81	3.149
300	1.40	2.91	4.074	1.42	2.77	3.933	1.54	2.43	3.742	1.70	2.02	3.434
规律	递减↓	递增↑	递增↑	递减↓	递增↑	递增↑	递减↓	递增↑	递增↑	递减↓	递增↑	递增↑

表 6.3　风荷载计算参数取值

β_{gz}	μ_{sl}	μ_z	w_0	w_k
1.5	−1.4	2.0	0.65	−2.73
1.5	−1.4	2.0	0.60	−2.52
1.5	−1.4	2.0	0.55	−2.31
1.5	−1.4	2.0	0.50	−2.10
1.5	−1.4	2.0	0.45	−1.89
1.5	−1.4	2.0	0.40	−1.68

（2）EPS 保温系统自重标准值计算（表 6.4）

表 6.4　EPS 保温系统自重标准值计算

EPS 板密度（kg/m³）	EPS 板厚度（m）	抹面及饰面层密度（kg/m³）	抹面及饰面层厚度（m）
20	0.080	1800	0.005
1.6kg/m³		9kg/m²	
10.6kg/m² = 100.6N/m² = 0.10kN/m²			

（3）非抗震设计时的荷载效应基本组合

① 当基本风压 w_0 取值 0.65kN/m² 时，非抗震设计时的荷载效应基本组合 $S_2 = \gamma_G S_{GE} + \gamma_w S_{wk} = 1.2 \times 0.10 + 1.4 \times 2.73 = 3.942$（kN/m²）$\approx 4.0$kN/m² = 4.0kPa > $S_1 = 1.0$kN/m² = 1.0kPa，故荷载效应基本组合设计值 $S = S_2 = 4.0$kPa。

② 当基本风压 w_0 取值 0.40kN/m² 时，$S_2 = \gamma_G S_{GE} + \gamma_w S_{wk} = 1.2 \times 0.10 + 1.4 \times 1.68 = 2.472$（kN/m²）$\approx 2.5$kN/m² = 2.50kPa > $S_1 = 1.0$kN/m² = 1.0kPa，故荷载效应基本组合设计值 $S = S_2 = 2.50$kPa。

（4）保温系统连接（包括胶粘剂粘结和锚栓连接两类）验算

① 胶粘剂拉伸粘结设计强度验算：

保温系统连接件的拉伸粘结强度为 0.10MPa 即 100kPa，采用粘结面积为 40% 时的拉伸粘结强度为 40kPa，即保温系统连接件承载力设计值 $R = 40/1.5 = 26.67$（kPa）> $S = S_2 = 4.0$kPa，约为基本组合设计值的 6 倍以上。根据行业标准《外墙外保温技术规程》（JGJ 144—2004）第 4.0.6 条外墙外保温系统抗风荷载性能试验时，其安全系数可取 1.50[2]。因此，可以推算此时的理论有效粘贴面积 $m \geqslant 4.0/$（100/1.5）= 6% 即可满足胶粘剂的拉伸粘结设计强度要求。由此可知，在目前外墙外保温工程采用胶粘剂粘贴为主的锚固方式，在理论上是安全可行的，理论计算所需的有效粘贴面积仅为 6% 即可满足拉伸粘结设计强度要求，当有效粘贴面积为 40% 时，其安全系数为基本组合设计值的 6 倍以上。

同理可以反算保温系统所需的最小拉伸粘结强度标准值。根据基本风压 w_0 取值 0.65kN/m² 时，非抗震设计时的荷载效应基本组合 $S_2 = \gamma_G S_{GE} + \gamma_w S_{wk} = 1.2 \times 0.10 +$

$1.4 \times 2.73 = 3.942$（kN/m^2）$\approx 4.0 kN/m^2 = 4.0 kPa$，可以推算出，当保温板有效粘贴面积仍为40%时，其保温系统所需的最小拉伸粘结强度标准值 $T_{k,min} \geq 1.5/40\% \times 4.0 = 15$（$kPa$）$= 0.015 MPa$。也就是说，对于EPS板薄抹灰保温系统本身的拉伸粘结强度标准值为15kPa即可满足抗风荷载对于保温系统的拉伸强度设计要求。

② 锚栓拉拔设计强度验算：

每个锚栓抗拉强度标准值按0.60kN考虑，所需锚栓数量

$$n \geq 4.0/（0.60/1.5）= 10（个/m^2）$$

由此可见，当不借助胶粘剂粘贴计算时，当锚栓数量低于10个/m^2时，薄抹灰系统EPS保温板与基层墙体的连接锚固是不满足抗拉承载力设计要求的。也就是说，保温系统依然是采用粘结固定为主，锚栓固定仅仅起到必要的辅助性作用，当设置锚栓数量为5个/m^2时，锚栓固定力仅仅为固定拉拔设计承载力的50%，在粘结拉伸强度失效后，锚栓不能够独立承载保温系统的拉拔承载力。

③ 可以推算当基本风压 w_0 取值0.40kN/m^2时，保温系统的有效粘贴面积理论计算值 $m = 2.50/（100/1.5）= 3.75\% \approx 4\%$ 即可满足胶粘剂的拉伸粘结设计强度要求。

此时，如需仅仅依靠锚栓连接，则需锚栓数量 $n \geq 2.5/（0.60/1.5）= 6.25$（个/$m^2$）$\approx 7$（个/$m^2$）即不低于7个/$m^2$时才能满足设计要求。由此可见，目前很多现行标准规程对于外墙外保温系统的连接计算是不满足工程设计要求的，规定的锚栓数量宜为5~8个/m^2是没有根据且没有经过严谨的设计过程推算的，同时对于不同风压地区由于其基本风压取值的不同，其锚栓数量设计一定是不一样的，因此偏安全计算的话，以寒冷地区山东省为例，锚栓数量不宜低于10个/m^2是偏安全和相对合理的。这是本书需要提醒广大读者的地方，而不要一味以图集或者生搬硬套相关标准规程来进行不合理的设计而造成保温系统的脱落或者出现设计缺陷。当然，以上计算是以EPS板薄抹灰系统进行设计计算得出的，对于自重较大的无机保温板和FS复合外模板现浇混凝土墙体也可以采用类似上述计算方法核算连接件的设计数量是否满足承载力要求。同时需要注意的是，此时锚栓抗拉承载力标准值 $F_k = 0.60 kN$ 取自行业标准《外墙保温用锚栓》（JG/T 366—2012），基层墙体按A类普通混凝土墙体，也就是说当基层墙体为B类（实心砌体基层墙体，$F_k = 0.50 kN$）、C类（多孔砖砌体基层墙体，$F_k = 0.40 kN$）、D类（空心砌块砌体基层墙体，$F_k = 0.30 kN$）、E类（蒸压加气混凝土基层墙体，$F_k = 0.30 kN$）时，其锚栓设计数量还要继续增加方可满足抗风荷载对于系统仅仅依靠锚栓予以连接安全的保证。

（5）结论

对于上述近100m的高层住宅建筑而言，当仅采用胶粘剂粘贴且基本风压 w_0 取值0.65kN/m^2时，偏安全计算其有效粘贴面积理论计算值需要6%以上；当完全需要锚栓连接而无须胶粘剂粘贴时，偏安全计算其锚栓数量需要10个/m^2以上。当仅采用胶粘剂粘贴且基本风压 w_0 取值0.40kN/m^2时，偏安全计算其有效粘贴面积理论计算值需要4%以上；当完全需要锚栓连接而无须胶粘剂粘贴时，偏安全计算其锚栓数量需要7个/m^2以上。

（6）探讨与分析

以上是根据现有设计标准对山东省节能 75% 高层居住建筑采用 80mm 厚 EPS 保温板薄抹灰系统进行的抗风荷载设计结果。但是在实际工程应用中，即使采用 40% 粘贴面积并辅以锚栓辅助连接也并不能完全解决大风吹落保温板的安全问题，这主要是由于采用点粘法方式粘贴保温板时，保温板与基层墙体之间的空腔部位一旦形成连通构造，在负风压风吸力作用下，由先破坏粘结力较小部位或者粘贴面积较小部位的最不利位置，然后进一步破坏导致整个系统的保温板粘贴面积减少而逐步加剧风吸力产生的破坏，直至最终大面积脱落。因此，技术理论计算时 6% 的粘贴面积可满足抗风荷载设计要求，但是依然要求其有效粘贴面积不低于 40%，且采用点框粘贴方式取代点粘方式的施工工艺，目的是避免保温板与基层墙体之间的连通大空腔的形成。

6.2.2　岩棉板薄抹灰保温系统抗风荷载设计

同上例，仍然以寒冷地区山东省为例，按建筑高度 99.6m 住宅建筑设计，标准设防类（丙类建筑），节能 75% 采用 120mm 厚岩棉薄抹灰外保温系统，抹面层为 3mm 厚抹面胶浆复合一层耐碱玻纤网，采用粘锚结合工艺与 200mm 厚基层墙体结合在一起，涂料饰面。以寒冷地区山东省威海市为例（山东地区 50 年一遇的风荷载取值最大），基本风压最大值 w_0 取 0.65kN/m^2，地面粗糙度按 B 类，暂不考虑抗震设计。

鉴于围护结构的安全等级可稍低于主体结构，本实例没有考虑因在高层建筑中受风荷载影响而予以提高其基本风压值 w_0，即仍取 $w_0 = 0.65\text{kN/m}^2$ 进行保温系统的抗风荷载设计。

（1）建筑保温系统作为围护结构计算其垂直于建筑物表面的风荷载标准值，应采用下列设计表达式。风荷载计算参数见表 6.5。

$$w_k = \beta_{gz}\mu_{sl}\mu_z w_0 \qquad (6.3)$$

式中　w_k——风荷载标准值（kN/m^2）；

β_{gz}——高度 z 处的阵风系数；

μ_{sl}——风荷载局部体型系数；

μ_z——风压高度变化系数；

w_0——基本风压（kN/m^2）。

表 6.5　风荷载计算参数取值

β_{gz}	μ_{sl}	μ_z	w_0	w_k
1.5	-1.4	2.0	0.65	-2.73
1.5	-1.4	2.0	0.60	-2.52
1.5	-1.4	2.0	0.55	-2.31
1.5	-1.4	2.0	0.50	-2.10
1.5	-1.4	2.0	0.45	-1.89
1.5	-1.4	2.0	0.40	-1.68

（2）EPS 保温系统自重标准值计算（表6.6）

表6.6 岩棉保温系统自重标准值计算

岩棉板密度 （kg/m³）	EPS 板厚度 （m）	抹面及饰面层 密度（kg/m³）	抹面及饰面层 厚度（m）	小计 （kg/m²）
140	0.120	1800	0.003	22.2
100	0.120	1800	0.003	17.4
22.2kg/m² = 222N/m² = 0.222kN/m²；17.40kg/m² = 174N/m² = 0.174kN/m²				

（3）非抗震设计时的荷载效应基本组合

设计时岩棉板自重偏安全设计，取 0.222kN/m²。

① 当基本风压 w_0 取值 0.65kN/m² 时，非抗震设计时的荷载效应基本组合 $S_2 = \gamma_G S_{GE} + \gamma_w S_{wk} = 1.2 \times 0.222 + 1.4 \times 2.73 = 4.0884$（kN/m²）$\approx 4.09$kN/m² = 4.09kPa > $S_1 = 1.0$kN/m² = 1.0kPa，故荷载效应基本组合设计值 $S = S_2 = 4.09$kPa。

② 当基本风压 w_0 取值 0.40kN/m² 时，非抗震设计时的荷载效应基本组合 $S_2 = \gamma_G S_{GE} + \gamma_w S_{wk} = 1.2 \times 0.222 + 1.4 \times 1.68 = 2.6184$（kN/m²）$\approx 2.62$kN/m² = 2.62kPa > $S_1 = 1.0$kN/m² = 1.0kPa，故荷载效应基本组合设计值 $S = S_2 = 2.50$kPa。

以上计算可知，岩棉作为薄抹灰系统组成部分，由于自重作用参与的荷载组合效应影响较小，其非抗震设计时的荷载效应基本组合与 EPS 板保温系统计算结果相差并不大。

（4）保温系统连接（包括胶粘剂粘结和锚栓连接两类）验算

① 胶粘剂拉伸粘结设计强度验算：

采用岩棉带（密度 $\rho \geq 100$kg/m²，导热系数 $\lambda \leq 0.048$W/（m·K），垂直于表面的抗拉强度 TR≥80kPa）薄抹灰保温系统时，保温系统的拉伸粘结强度为80kPa，采用有效粘结面积为40%时的拉伸粘结强度为 $80 \times 40\% = 32$（kPa），即保温系统连接件承载力设计值 $R = 32/1.5 = 21.33$（kPa）> $S = S_2 = 4.09$kPa，为基本组合设计值的 5 倍以上，即安全系数 $K = 5.215$。根据行业标准《外墙外保温技术规程》（JGJ 144—2004）第4.0.6条外墙外保温系统抗风荷载性能试验时，其安全系数可取 1.50[2]。同理，采用满粘法，其有效粘贴面积为80%时，其安全系数 $K = 5.215 \times 2 = 10.43$。可见，对于 TR80 岩棉带的抗风荷载设计采用满粘法施工方式可不必担心其安全粘结性能。因此，还可以推算此时的理论有效粘贴面积 $m \geq 4.09/（80/1.5）= 7.67\% \approx 8\%$ 即可满足胶粘剂的拉伸粘结设计强度要求。由此可知，在目前 TR80 岩棉带外墙外保温工程中可采用胶粘剂粘贴为主的锚固方式，在理论上是安全可行的，理论计算所需的有效粘贴面积为8%即可满足保温系统拉伸粘结设计强度要求，当有效粘贴面积为40%时其安全系数在基本组合设计值的 5 倍以上，采用满粘法的有效粘贴面积不低于80%时，其安全系数为基本组合设计值的 10 倍以上。

同理，可以反算岩棉保温系统所需的最小拉伸粘结强度标准值。当基本风压 w_0 取值0.65kN/m² 时，非抗震设计时的荷载效应基本组合 $S_2 = \gamma_G S_{GE} + \gamma_w S_{wk} = 1.2 \times 0.222 + 1.4 \times 2.73 = 4.0884$（kN/m²）$\approx 4.09$kN/m² = 4.09kPa，可以推算出，当岩棉保

温板有效粘贴面积仍为 80% 时,其保温系统所需的最小拉伸粘结强度标准值 $T_{k,\,min} \geq$ （1.5/80%）×4.09 ＝7.67（kPa）＞7.5kPa；当岩棉保温板有效粘贴面积为 85% 时,其保温系统所需的最小拉伸粘结强度标准值 $T_{k,\,min} \geq$ （1.5/85%）×4.09 ＝7.22（kPa）＜7.5kPa。也就是说,对于 TR7.5 岩棉板薄抹灰保温系统本身的拉伸粘结强度标准值为 7.5kPa 即可满足抗风荷载对于保温系统的拉伸强度设计要求,但是此时应采用满粘法且其保温板的有效粘贴面积不应低于 85%。这是在以前的抗风荷载设计中没有涉及的内容,也是本书需要广大读者注意的地方,也是目前别的书籍没有具体提及的地方,即 TR7.5 岩棉板薄抹灰系统可以采用满粘法施工且有效粘贴面积不低于 85% 时,恰好可满足基本风压不高于 0.65kN/m² 的低于 100m 的民用建筑抗风荷载设计要求。

② 锚栓拉拔设计强度验算:

每个锚栓抗拉强度标准值按 0.60kN 考虑,所需锚栓数量

$$n \geq 4.09/（0.60/1.5）＝10.225（个/m²）\approx 11（个/m²）$$

由此可见,当不借助胶粘剂粘贴计算时,当锚栓数量低于 11 个/m² 时且基本风压 w_0 取值 0.40kN/m² 时,岩棉薄抹灰系统保温板与基层墙体的连接锚固是不满足抗拉承载力设计要求的,其计算结果与 EPS 板薄抹灰系统基本相同。

③ 可以推算当基本风压 w_0 取值 0.40kN/m² 时,TR7.5 岩棉板保温系统的有效粘贴面积理论计算值 m ＝2.62/（7.5/1.5）＝53% $\approx$ 55% 即可满足胶粘剂的拉伸粘结设计强度要求。也就是说,对于采用最低强度 TR7.5 岩棉板的薄抹灰保温系统,当其保温板的有效粘贴面积不低于 60% 时,其系统的粘结拉伸强度是满足设计要求的。

此时,如需仅仅依靠锚栓连接而不考虑胶粘剂粘贴作用,则需锚栓数量 $n \geq 2.62/$（0.60/1.5）＝6.55（个/m²）$\approx$ 7（个/m²）即不低于 7 个/m² 时才能满足设计要求,其计算结果与 EPS 板薄抹灰系统基本相同。由此可见,目前很多现行标准规程对于外墙外保温系统的连接计算是不满足工程设计要求的,规定的锚栓数量宜为 5～8 个/m² 是没有根据且没有经过严谨的设计过程推算的,同时对于不同风压地区由于其基本风压取值的不同,其锚栓数量设计一定是不一样的,因此偏安全计算的话,以寒冷地区山东省为例,锚栓数量不宜低于 10 个/m² 是偏安全和相对合理的,这是本书需要质疑并重点阐述的地方,也是本书需要提醒广大读者注意的地方,而不要一味以图集或者生搬硬套相关标准规程来进行不合理的设计而造成保温系统的脱落或者出现设计缺陷。当然,以上计算是以岩棉薄抹灰系统进行设计计算得出的,对于自重较大的其他种类的无机保温板和 FS 复合外模板现浇混凝土墙体也可以采用类似上述计算方法核算连接件的设计数量是否满足承载力要求。同时需要注意的是,此时锚栓抗拉承载力标准值 F_k ＝0.60kN 取自行业标准《外墙保温用锚栓》（JG/T 366—2012）,基层墙体按 A 类普通混凝土墙体,也就是说当基层墙体为 B 类（实心砌体基层墙体,F_k ＝0.50kN）、C 类（多孔砖砌体基层墙体,F_k ＝0.40kN）、D 类（空心砌块砌体基层墙体,F_k ＝0.30kN）、E 类（蒸压加气混凝土基层墙体,F_k ＝0.30kN）时,其锚栓设计数量还要继续增加方可满足抗风荷载对于系统仅仅依靠锚栓予以连接安全的保证。

（5）结论

对于上述近 100m 的高层住宅建筑而言,当仅采用胶粘剂粘贴且基本风压 w_0 取值

$0.65kN/m^2$ 时，偏安全计算对于 TR80 岩棉带薄抹灰保温系统其有效粘贴面积理论计算值需要 8% 以上；当完全需要锚栓连接而无须胶粘剂粘贴时，偏安全计算其锚栓数量需要 10 个/m^2 以上。当仅采用胶粘剂粘贴且基本风压 w_0 取值 $0.40kN/m^2$ 时，对于采用最低强度 TR7.5 岩棉板的薄抹灰保温系统，当其保温板的有效粘贴面积不低于 60% 时，其系统的粘结拉伸强度可满足设计要求；当完全需要锚栓连接而无须胶粘剂粘贴时，偏安全计算其锚栓数量需要 7 个/m^2 以上。岩棉薄抹灰保温系统抗风荷载设计结果表明，在锚栓数量设计方面，两者结果相差不大，这主要是由于保温板自重荷载对于荷载效应基本组合设计值不起控制作用，而主要由可变荷载即风荷载效应在荷载效应基本组合设计中起控制作用。

6.3 建筑保温结构一体化技术体系抗风荷载设计实例分析

6.3.1 FW 外模板现浇混凝土墙体保温系统抗风荷载设计实例分析

对于"新四大类"建筑保温结构一体化技术体系，除了夹芯保温类承重或非承重或内保温系统无须考虑抗风荷载外，对于除基层墙体外的保温层构造组成部分还是应进行抗风荷载设计。由于风荷载直接作用于这部分附着构件之上，因此无论是哪一类保温构造的一体化技术，在这里均按"复合保温构造层"进行抗风荷载设计。下面 FW 外模板现浇混凝土墙体保温系统抗风荷载设计为例进行分析探讨。

以寒冷地区山东省为例，基本风压偏安全取最大值 $w_0 = 0.65kN/m^2$，不考虑地震作用，FW 外模板由外至内的各层构造厚度分别为"3mm 厚抗裂砂浆复合耐碱玻纤网 + 17mm 厚保温砂浆复合热镀锌电焊网 + 55mm 厚石墨挤塑板 + 5mm 厚抗裂砂浆复合耐碱玻纤网"，FW 外模板外侧保温系统构造依次为"25mm 保温砂浆找平层 + 5mm 厚抗裂砂浆复合耐碱玻纤网"，200mm 厚钢筋混凝土剪力墙住宅结构，建筑高度 99.60m。本案例以不包括基层墙体在内的 FW 外模板现浇混凝土墙体保温系统进行抗风荷载设计分析比较计算，以期比较与外墙外保温薄抹灰系统的异同之处，同时要注意建筑保温结构一体化技术体系抗风荷载设计与抗震设计时作为非结构构件使用的不同之处。

（1）建筑保温系统作为围护结构计算其垂直于建筑物表面的风荷载标准值，$w_k = \beta_{gz}\mu_{sl}\mu_z w_0$，计算参数取值详见表 6.7。

表 6.7　风荷载计算参数取值

β_{gz}	μ_{sl}	μ_z	w_0	w_k
1.5	−1.4	2.0	0.65	−2.73
1.5	−1.4	2.0	0.60	−2.52
1.5	−1.4	2.0	0.55	−2.31
1.5	−1.4	2.0	0.50	−2.10
1.5	−1.4	2.0	0.45	−1.89
1.5	−1.4	2.0	0.40	−1.68

（2）FW 保温系统自重标准值计算（表6.8）

表 6.8　FW 保温系统自重标准值计算

项目		密度（kg/m³）	构造层厚度（m）	面密度标准值（kg/m²）
抗裂层	5mm 厚抗裂砂浆复合耐碱玻纤网	1800	0.005	9
找平层	25mm 保温砂浆找平层	400	0.025	10
FW 复合保温模板	3mm 厚抗裂砂浆复合耐碱玻纤网	1800	0.003	5.4
	17mm 厚保温砂浆复合热镀锌电焊网	1800	0.017	30.6
	55mm 厚石墨挤塑板	38	0.055	2.10
	5mm 厚抗裂砂浆复合耐碱玻纤网	1800	0.005	9
自重标准值合计		$66.10\text{kg/m}^2 = 0.661\text{kN/m}^2$		

（3）非抗震设计时的荷载效应基本组合

① 当基本风压 w_0 取值 0.65kN/m^2 时，其荷载效应基本组合设计值 $S_2 = \gamma_G S_{GE} + \gamma_w S_{wk} = 1.2 \times 0.661 + 1.4 \times 2.73 = 4.6152$（$\text{kN/m}^2$）$\approx 4.62\text{kN/m}^2 = 4.62\text{kPa}$

② 当基本风压 w_0 取值 0.40kN/m^2 时，其荷载效应基本组合设计值 $S = \gamma_G S_{GE} + \gamma_w S_{wk} = 1.2 \times 0.661 + 1.4 \times 1.68 = 3.1452$（$\text{kN/m}^2$）$\approx 3.15\text{kN/m}^2 = 3.15\text{kPa}$。

（4）FW 保温系统连接（包括胶粘剂粘结和锚栓连接两类）抗风荷载验算

① 胶粘剂拉伸粘结设计强度验算：

保温系统连接件的拉伸粘结强度为 0.10MPa 即 100kPa，采用粘结面积为 40% 时的拉伸粘结强度为 40kPa，即保温系统连接件承载力设计值 $R = 40/1.5 = 26.67\text{kPa} > S = S_2 = 4.62\text{kPa}$，为基本组合设计值的 6 倍以上。根据行业标准《外墙外保温技术规程》（JGJ 144—2004）第 4.0.6 条外墙外保温系统抗风荷载性能试验时，其安全系数可取 1.50[2]。因此，可以推算此时的理论有效粘贴面积 $m \geqslant 4.62/$（$100/1.5$）$= 6.93\% \approx 7\%$ 即可满足胶粘剂的拉伸粘结设计强度要求。由此可知，在目前外墙外保温工程采用胶粘剂粘贴为主的锚固方式，在理论上是安全可行的，理论计算所需的有效粘贴面积为 7% 即可满足拉伸粘结设计强度要求，当有效粘贴面积为 40% 时，其安全系数为基本组合设计值的 5 倍以上。

② 锚栓拉拔设计强度验算：

每个锚栓抗拉强度标准值按 0.60kN 考虑，所需锚栓数量

$$n \geqslant 4.62/（0.60/1.5）= 11.55（\text{个/m}^2）\approx 12（\text{个/m}^2）$$

由此可见，当不借助胶粘剂粘贴计算时，当锚栓数量低于 12 个/m² 时，薄抹灰系统 EPS 保温板与基层墙体的连接锚固是不满足抗拉承载力设计要求的。也就是说，保温系统依然是采用粘结固定为主，锚栓固定仅仅起到必要的辅助性作用，当设置锚栓数量为 6 个/m² 时，锚栓固定力仅仅为固定拉拔设计承载力的 50%，在粘结拉伸强度失效后，锚栓不能够独立承载保温系统的拉拔承载力。

可以推算当基本风压 w_0 取值 0.40kN/m^2 时，保温系统的有效粘贴面积理论计算值 $m = 3.15/$（$100/1.5$）$= 4.725\% \approx 5\%$ 即可满足胶粘剂的拉伸粘结设计强度要求。此时，如需仅仅依靠锚栓连接，则需锚栓数量 $n \geqslant 3.15/$（$0.60/1.5$）$= 7.875$（个/m²）$\approx$

8（个/m²）即不低于 8 个/m² 时才能满足设计要求。由此可见，目前很多现行标准规程对于外墙外保温系统的连接计算是不满足工程设计要求的，规定的锚栓数量宜为 5 ~ 8 个/m² 也同样是没有根据且没有经过严谨的设计过程推算的，同时对于不同风压地区由于其基本风压取值的不同，其锚栓数量设计一定是不一样的，因此偏安全计算的话，以寒冷地区山东省为例，锚栓数量不宜低于 12 个/m² 是偏安全和相对合理的。这是本书再次需要提醒广大读者的地方，而不要一味以图集或者生搬硬套相关标准规程来进行不合理的设计而造成保温系统的脱落或者出现设计缺陷。当然，以上计算是以 FW 外模板现浇混凝土墙体保温系统且以附着于基层墙体的外保温系统作为非结构构件进行设计计算得出的。

（5）结论与探讨分析

当基本风压 w_0 取值 0.40kN/m² 时，由于 FW 复合保温模板最为免拆外模板使用，与基层现浇墙体同时施工，不采用胶粘剂，因此只需通过锚栓连接件与基层现浇墙体实现可靠连接和锚固，因此单独需要连接锚栓数量不应低于 8 个/m²。当基本风压 w_0 取值 0.65kN/m² 时，同理，其连接锚栓连接件的数量不应低于 12 个/m²。当然，需要说明的是，以上计算是以 FW 外模板现浇混凝土墙体保温系统中除基层墙体外的构造组成部分直接作为围护结构并直接承受风荷载进行设计的，这与实际工况也是相符的。

6.3.2 3 类典型保温系统抗风荷载设计对比分析结论及保温系统连接安全性建议

3 类典型保温系统抗风荷载设计对比分析结论如下：

（1）通过以上建筑保温系统抗风荷载设计可知，无论是外保温系统还是保温结构一体化技术体系的抗风荷载设计，其原理和理论依据都是一样的，都是作为直接承受风荷载的围护结构进行系统安全性连接设计。

（2）EPS 板薄抹灰保温系统采用胶粘剂粘贴固定保温板，其有效粘贴面积为 40% 以上且采用点框粘而不是点粘法时，其系统拉伸粘结强度的连接安全性是可以保证的。

（3）TR7.5 岩棉板薄抹灰系统采用满粘法施工且有效粘贴面积不低于 85% 时，可满足基本风压不高于 0.65kN/m² 且建筑高度不大于 100m 的民用建筑抗风荷载设计要求。

（4）EPS 板薄抹灰保温系统和 TR80 岩棉带薄抹灰保温系统在有效粘贴面积不低于 40% 时其胶粘剂粘贴固定的安全系数在 5 倍以上，可完全满足其非抗震设计和抗震设计时保温系统的拉伸粘结强度要求，但应质疑其锚栓连接的设计安全性。

（5）上述 3 类保温系统的连接件设置数量与基本风压取值、建筑总高度、地面粗糙度类别等因素密切相关。对建筑高度不大于 100m、地面粗糙度类别为 B 类民用建筑，当基本风压 w_0 取值 0.40kN/m² 且不考虑抗震设计，单个锚栓抗拉承载力标准值按 0.60kN，EPS 板薄抹灰保温系统和岩棉带薄抹灰保温系统所需连接件数量不低于 7 个/m²，FW 外模板现浇混凝土墙体保温系统所需连接件数量不低于 8 个/m²；当基本风压 w_0 取值 0.40 kN/m² 且不考虑抗震设计时，EPS 板薄抹灰保温系统、岩棉带薄抹灰保温系统和 FW 外模板现浇混凝土墙体保温系统所需连接件数量分别不应低于 10 个/m²、

11 个/m² 和 12 个/m²。

著者根据上述 3 类保温系统的抗风荷载设计结果，质疑目前现行很多地方标准和部分行业标准对锚栓数量设计的安全合理性。如锚栓作为辅助性连接考虑，规定设置数量为 5~8 个/m² 尚有可取性的合理之处；但是如将胶粘剂与锚栓连接分开各自进行连接设计考虑，尤其是当单体锚栓抗拉承载力标准值取值不是 0.60kN 而是 0.30~0.60kN 时，其锚栓设计数量还需相应增加，各类保温系统在目前工程设计及应用中的锚栓连接设计安全性堪忧。尤其需要一线的工程设计人员尤其是结构专业的设计人员给与足够的安全重视，而不能仅仅将建筑保温工程设计交给施工图中的建筑专业节能设计来解决。在概念设计上，建筑保温系统的安全性和耐久性需要在施工图设计文件中由建筑专业和结构专业这两个专业密切配合，方可确保其安全适用、确保质量。因此本书首次提出并建议在施工图设计文件中将建筑保温工程连接设计等安全耐久性内容正式纳入结构专业设计范畴，而彻底改变目前保温工程设计仅仅是建筑专业进行节能设计的应用现状，这对杜绝我国现阶段各类外墙保温工程质量隐患和尤其是避免保温层脱落引起的安全事故有重要现实意义和指导价值。

参考文献

［1］中华人民共和国住房和城乡建设部 . 建筑结构荷载规范：GB 50009—2012 ［S］. 北京：中国建筑工业出版社，2012.

［2］中华人民共和国建设部 . 外墙外保温工程技术规程：JGJ 144—2004 ［S］. 北京：中国建筑工业出版社，2004.

第7章 建筑保温结构一体化技术体系抗震设计及抗震试验方法

7.1 建筑保温系统抗震设计

7.1.1 建筑保温系统抗震设计原则

建筑保温系统主要分为外保温系统、内保温系统和自保温系统。其中自保温系统是以墙体材料自身热工性能来满足建筑围护结构节能设计要求的构造系统，不管是单一匀质材料墙体还是复合材料墙体，一般能够实现保温层与建筑结构同步施工完成，因此大多属于保温结构一体化技术的范畴。而外保温系统、内保温系统是由保温层、防护层和固定材料组成，位于建筑围护结构内、外表面的非承重保温构造总称。因此，作为除了作为承重墙体（结构构件）使用的自保温系统外，非承重保温构造应属于"非结构构件"，应分别满足相应的抗震设计规范要求。根据国家标准《建筑抗震设计规范（2016年版）》（GB 50011—2010）第3.7.1条，非结构构件应进行抗震设计被列为强制性条文，因此结构设计人员必须予以足够的重视，并应对其进行抗震设计。这就避免了过去设计传统中一直固化的定势思维，那就是"建筑保温系统"是"建筑专业"范畴，是建筑节能设计专业，与结构专业无关，这是非常错误的，需要重点提醒读者和一线工程设计人员的地方，是保温系统作为非结构构件或者结构构件设计必须进行抗震设计，并建议将保温系统抗震设计纳入结构专业设计文件"抗震专项设计"内容，尚应包括非结构构件自身与主体结构的连接。因此，结构设计人员不但应对建筑保温系统进行抗震设计，更应注意保温层与基层墙体的粘结锚固和锚栓连接可靠性设计，方可确保建筑保温系统的耐久安全性。

（1）外保温系统（非结构构件）

按行业标准《非结构构件抗震设计规范》（JGJ 339—2015）进行抗震设计。著者认为，当基层墙体为非承重墙体时，宜与基层墙体一起作为非结构构件进行抗震设计；当基层墙体为承重墙体时，宜将外保温系统作为独立的非结构构件进行抗震设计。

（2）内保温系统（非结构构件）

按行业标准《非结构构件抗震设计规范》（JGJ 339—2015）进行抗震设计。著者认为，当基层墙体为非承重墙体时，宜与基层墙体一起作为非结构构件进行抗震设计；当基层墙体为承重墙体时，宜将内保温系统作为独立的非结构构件进行抗震设计。

（3）自保温系统（属于保温结构一体化技术，包括非结构构件和结构构件）

① 非结构构件自保温系统按行业标准《非结构构件抗震设计规范》（JGJ 339—

2015）进行抗震设计。著者认为，此时宜将自保温系统在内的墙体构件或者复合墙体构件作为整体性的非结构构件进行抗震设计。

②结构构件自保温系统按国家标准《建筑抗震设计规范（2016 年版）》（GB 50011—2010）进行抗震设计。著者认为，此时宜将自保温系统在内的墙体构件或者复合墙体构件作为整体性的结构构件进行抗震设计。

7.1.2　建筑保温系统抗震设防目标

界定建筑保温系统作为建筑构件的结构构件或非结构构件之后，根据上节的抗震设计原则，即可确定相应的抗震设防目标。

（1）结构构件（如承重自保温系统）

按国家标准《建筑抗震设计规范（2016 年版）》（GB 50011—2010），外墙结构构件作为主体结构的主要组成部分时，其设防目标要满足建筑结构抗震的"二阶段三水准"抗震设防要求，即第一阶段设计通过多遇地震作用下的截面抗震承载力计算实现"第一水准——小震不坏"和多遇地震作用下的弹性变形验算实现"第二水准——中震可修"，第二阶段设计通过罕遇地震作用下的弹塑性变形验算和必要的概念设计及抗震构造措施实现"第三水准——大震不倒"。即①第一水准——当遭受低于本地区抗震设防烈度的多遇地震影响时，主体结构不受损坏或不需修理可继续使用。②第二水准——当遭受本地区抗震设防烈度的设防地震影响时，可能发生损坏，但经一般性修理仍可继续使用。③第三水准——当遭受到高于本地区抗震设防烈度的罕遇地震影响时，不致倒塌或发生危及生命的严重破坏[1]。

（2）非结构构件（如外保温系统、内保温系统和非承重自保温系统）

按行业标准《非结构构件抗震设计规范》（JGJ 339—2015），保温系统作为非结构构件使用时，保温系统及其与基层墙体连接的抗震设防目标应符合：①第一水准——当遭受低于本地区抗震设防烈度的多遇地震影响时，可能发生轻微损坏经一般性修理后可恢复正常使用；②第二水准——当遭受本地区抗震设防烈度的设防地震影响时，可能发生不致造成人员伤亡和危及主体结构安全的严重损坏；③第三水准——当遭受到高于本地区抗震设防烈度的罕遇地震影响时，不致倒塌伤人[2]。

（3）行业标准《外墙外保温工程技术规程》（JGJ 144—2004）抗震设防要求

我国因 2008 年汶川地震修订了国家标准《建筑抗震设计规范》（GB 50011），并于 2016 年再次修订，可谓无论是结构构件还是非结构构件的抗震设计技术都与时俱进，可是反观行业标准《外墙外保温工程技术规程》（JGJ 144—2004）并没有结合我国抗震设计实际而进行及时修订（2019 年版将于 2019 年 11 月 1 日实施），仅仅是在第 3.0.5 条提到了"外墙外保温工程在罕遇地震发生时不应从基层脱落"而确保实现在遭受到高于本地区抗震设防烈度的罕遇地震影响时，不致脱落和倒塌伤人，而对多遇地震和设防地震时的破坏情况未予说明，因此在该标准低于且晚于最新行业标准《非结构构件抗震设计规范》（JGJ 339—2015）和国家标准《建筑抗震设计规范（2016 年版）》（GB 50011—2010）的实际情况下，应按现行相关标准执行抗震设计，而不应继续遵循和执行行业标准《外墙外保温工程技术规程》（JGJ 144—2004）关于保温工程抗震设计的相关规定，但是目前的几乎所有技术规程包括最新发布实施的各省关于外墙保温工程的技术标准，甚至包括有些行业标准在内，依然沿用行业标准《外墙外保温工程技术规程》（JGJ 144—2004）"外墙外保温工程在罕遇地震发生时不应从基层脱落"的抗震设防要求，是极为不妥的。这也是工程设计应用时，结构设计人员和建筑设计人员一个注意的地方，而不能仅仅参照相关保温工程技术标准，更应执行国家标准中关于非结构结构及其连接必须进行抗震设计的强制性条文，并在设计时确保实现其各自的抗震设防目标。这是本书充分积累工程设计经验，予以特殊说明的地方，那就是建议目前关于外墙保温工程的技术标准一律按现行抗震设计标准纳入保温系统抗震设计的正确规定，并有效实现保温系统的抗震设防目标。

7.1.3　建筑保温系统抗震设计荷载与作用分析

建筑保温系统除了夹芯类保温系统外，无论内保温系统、外保温系统，还是幕墙保温类有空腔保温系统，都是附着于基层外墙的非结构构件，要么是保温系统（不包括基层墙体）独立组成非结构构件，要么是保温系统与非承重墙体共同组成非结构构件共同参与抗震计算。鉴于夹芯类保温系统多为保温结构一体化技术，这里仅阐述除夹芯类保温系统外的保温系统。由于保温系统（包括非承重基层墙体）主要承受系统自重以及直接作用于保温系统上的风荷载、地震作用、温度作用等，不分担主体结构承受的荷载和地震作用，但要求保温系统除了具有必要的自身承载能力外，尚应具有一定的变形能力以适应主体结构的变形协调一致性。也就是说，主体结构遭受地震作用产生较大位移时，建筑保温系统不因主体结构产生过大变形而导致其系统内部产生过大内应力和不能承受其自身荷载的过大变形。对于有机材料或者无机材料组成的内保温系统和外保温系统而言，一般都由保温层、抹面层和饰面层3部分组成，各层之间大多采用柔性材料相互过渡，能够在地震时通过产生弹性变形来消耗主体结构的变形。需要注意的是，保温系统作为复合墙体的组成部分，需要通过粘锚结合方式与基层墙体粘结固定和连接，对于连接部位的抗震安全性需要予以重点关注，这是工程设计人员在对保温系统进行抗震设计时不应忽略的地方。总的来讲，就是要求保温系统在地震时，能够承受其系统自重，避免在风荷载、自重和地震作用共同组合作用时的脱落和连接失效，防止主体结构变形或位移引起保温系统次生的过大变形而导致保温系统连接破坏或者脱落乃至过大不适于继续使用的过大变形等。

因此，对于除夹芯保温系统外的建筑保温系统抗震分析，应区分所在区域是否需要考虑抗震设计，对于非抗震设计，仅需靠保温系统自重、风荷载以及温度作用的效应组合即可；而对于抗震设计，需要考虑保温系统自重、风荷载、温度作用和地震作用等效应组合。

7.1.4　建筑保温系统非结构构件对主体结构抗震计算的影响

根据《建筑抗震设计规范（2016年版）》（GB 50010—2010），对建筑主体结构进行抗震计算时，应按下列规定计入非结构构件（建筑保温系统）的影响：

（1）支承非结构构件的结构构件如支承建筑保温系统的承重墙体（钢筋混凝土剪

力墙基层或承重砌体墙体基层），应将非结构构件（建筑保温系统）地震作用效应作为附加作用对待，并满足连接件（胶粘剂粘结锚固及锚栓连接固定等）的锚固要求。

（2）对除夹芯保温系统外的建筑保温系统，由于采用粘锚结合方式与基层墙体（承重类结构构件或非承重类非结构构件）固定，一般保温层密度较小，且采用薄抹灰饰面较多，因此可不计入其保温系统的刚度影响。

（3）对嵌入抗侧力构件平面内的刚性建筑非结构构件如填充墙体或者预制墙板等（包括附着于其外侧或内侧的保温系统），此时可不计保温系统的刚度影响，但应计入非承重填充墙体或者非承重墙板作为非结构构件使用时的平面内刚度影响，在对主体结构进行抗震计算时，往往采用调整周期的简化方法，即在抗震计算时采用适宜的周期折减系数来考虑嵌入抗侧力构件平面内的刚性建筑非结构构件的刚度影响。

（4）在对主体结构进行抗震计算时，一般情况下不应计入非结构构件（包括建筑保温系统和非承重墙体基层）的抗震承载力[1]。

7.1.5　建筑保温系统抗震计算

1. 建筑保温系统水平地震作用计算

建筑保温系统作为非结构构件使用进行地震作用计算时，其地震作用应施加于重心部位，水平地震作用应沿任一水平方向施加，一般情况下，建筑保温系统自身重力作用产生的地震作用可采用等效侧力法进行计算，其水平地震作用标准值宜按下列公式计算：

$$F = \gamma \eta \zeta_1 \zeta_2 \alpha_{max} G \qquad (7.1)$$

式中　F——沿最不利方向施加于非结构构件（建筑保温系统）重心处的水平地震作用标准值；

　　γ——非结构构件功能系数；

　　η——非结构构件类别系数；

　　ζ_1——状态系数，建筑保温系统作为柔性系统取2.0；

　　ζ_2——位置系数，建筑顶点宜取2.0，底部宜取1.0，沿高度线性分布；

　　α_{max}——多遇地震时地震影响系数最大值；

　　G——非结构构件（建筑保温系统）的重力。

2. 建筑保温系统抗震承载力验算实例

（1）地震作用效应与其他荷载效应（如风荷载和自重荷载效应）的基本组合

建筑保温系统作为非结构构件使用时，主要荷载和作用包括：①自重；②水平地震作用；③风荷载。因此在对建筑保温系统进行抗震验算时，应计算其地震作用效应与其他荷载效应（如风荷载和自重荷载效应）的基本组合，按下式进行计算：

$$S = \gamma_G S_{GE} + \gamma_{Eh} S_{Ehk} + \gamma_{Ev} S_{Evk} + \psi_w \gamma_w S_{wk} \qquad (7.2)$$

式中　S——非结构构件（建筑保温系统）内力组合设计值；

　　γ_G——重力荷载分项系数；

γ_{Eh}、γ_{Ev}——水平、竖向地震作用分项系数，见表7.1；

S_{Ehk}——水平地震作用标准值的效应；

S_{Evk}——竖向地震作用标准值的效应；

S_{wk}——风荷载标准值的效应；

γ_w——风荷载分项系数，应取 1.4；

ψ_w——风荷载组合值系数，应取 0.2。

S_{wk}——风荷载标准值的效应。

表 7.1　地震作用分项系数

地震作用	γ_{Eh}	γ_{Ev}
仅计算水平地震作用	1.3	0
仅计算竖向地震作用	0	1.3
水平地震为主，同时计算水平与竖向地震作用	1.3	0.5
竖向地震为主，同时计算水平与竖向地震作用	0.5	1.3

（2）非建筑保温系统及其连接抗震验算

非结构构件（建筑保温系统）的截面抗震验算，应采用下列设计表达式：

$$S \leqslant R/\gamma_{RE} \tag{7.3}$$

式中　S——非结构构件（建筑保温系统）内力组合设计值；

　　　R——非结构构件（建筑保温系统）承载力设计值；

　　γ_{RE}——承载力抗震调整系数，取 1.0。

（3）建筑保温系统抗震变形验算

建筑保温系统在地震作用下的变形不应超过其自身的变形能力，且应符合现行国家标准《建筑抗震设计规范（2016 年版）》（GB 50011—2010）对主体结构的层间位移要求。

3. 建筑保温系统抗震承载力计算实例

以寒冷地区山东省为例，按建筑高度 99.6m 住宅建筑设计，标准设防类（丙类建筑），采用 80mm 厚 EPS 板薄抹灰外保温系统，抹面层为 5mm 厚抹面胶浆复合一层耐碱玻纤网，采用粘锚结合工艺与 200mm 厚基层墙体结合在一起，涂料饰面。以寒冷地区山东省威海市为例（山东地区 50 年一遇的风荷载取值最大），基本风压最大值取 0.65kN/m²，地面粗糙度按 B 类，抗震计算以山东省 8 度抗震设防最不利情况（$0.20g$）考虑。

（1）建筑保温系统作为围护结构计算其垂直于建筑物表面的风荷载标准值，应采用下列设计表达式：

$$w_k = \beta_{gz}\mu_{sl}\mu_z w_0 \tag{7.4}$$

式中　w_k——风荷载标准值（kN/m²）；

　　β_{gz}——高度 z 处的阵风系数；

　　μ_{sl}——风荷载局部体型系数；

　　μ_z——风压高度变化系数；

　　w_0——基本风压（kN/m²）。

风荷载计算参数见表7.2。

表7.2 风荷载计算参数取值

β_{gz}	μ_{sl}	μ_z	w_0	w_k
1.5	-1.4	2.0	0.65	-2.73
1.5	-1.4	2.0	0.60	-2.52
1.5	-1.4	2.0	0.55	-2.31
1.5	-1.4	2.0	0.50	-2.10
1.5	-1.4	2.0	0.45	-1.89
1.5	-1.4	2.0	0.40	-1.68

（2）建筑保温系统水平地震作用计算

按山东省8度抗震设防最不利情况（0.20g）考虑，保温系统多遇水平地震作用标准值 $F = \gamma\eta\zeta_1\zeta_2\alpha_{max}G = 0.064\text{kN/m}^2$，保温系统罕遇水平地震作用标准值 $F = \gamma\eta\zeta_1\zeta_2\alpha_{max}G = 0.360\text{kN/m}^2$，各参数取值见表7.3～表7.7。

表7.3 地震作用参数取值

项目	γ	η	ζ_1	ζ_2	$\gamma\eta\zeta_1\zeta_2$
非承重围护墙	1.0	1.0	2.0	2.0	4.0
保温幕墙	1.0	1.0	2.0	2.0	4.0
墙体连接件	1.0	1.2	2.0	2.0	4.8
饰面连接件	1.0	1.0	2.0	2.0	4.0

表7.4 水平地震作用影响系数最大值 α_{max}

抗震设防烈度	6度（0.05g）	7度（0.10g/0.15g）	8度（0.20g/0.30g）
多遇地震	0.04	0.08/0.12	0.16/0.24
罕遇地震	0.28	0.50/0.72	0.90/1.20

表7.5 地震作用参数取值 $\gamma\eta\zeta_1\zeta_2\alpha_{max}$

项目	抗震设防烈度	6度（0.05g）	7度（0.10g/0.15g）	8度（0.20g/0.30g）
保温系统	多遇地震	0.160	0.320/0.480	0.640/0.960
系统连接件	多遇地震	0.192	0.384/0.576	0.768/1.152
保温系统	罕遇地震	1.120	2.000/2.880	3.600/4.800
系统连接件	罕遇地震	1.344	2.400/3.456	4.320/5.760

表7.6 保温系统自重标准值

EPS板密度（kg/m³）	EPS板厚度（m）	抹面及饰面层密度（kg/m³）	抹面及饰面层厚度（m）
20	0.08	1800	0.005
1.6kg/m³		9kg/m²	
10.6kg/m² = 100.6N/m² = 0.10kN/m²			

表 7.7　保温系统水平地震作用标准值 F（kN/m²）

项目	抗震设防烈度	6 度（0.05g）	7 度（0.10g/0.15g）	8 度（0.20g/0.30g）
保温系统	多遇地震	0.016	0.032/0.048	0.064/0.056
系统连接件	多遇地震	0.0192	0.0384/0.0576	0.0768/0.1152
保温系统	罕遇地震	0.1120	0.2000/0.2880	0.3600/0.4800
系统连接件	罕遇地震	0.1344	0.2400/0.3456	0.4320/0.5760

（3）多遇地震作用效应与其他荷载效应（如风荷载和自重荷载效应）的基本组合保温系统抗震计算时：

$$S_1 = \gamma_G S_{GE} + \gamma_{Eh} S_{Ehk} + \gamma_{Ev} S_{Evk} + \psi_w \gamma_w S_{wk}$$

$$= 1.2 \times 0.10 + 1.3 \times 0.064 + 0 + 1.4 \times 0.2 \times 2.73 = 0.9676 （kN/m²）$$

$$\approx 1.0 kN/m² = 1.0 kPa$$

保温系统连接件抗震计算时：

$$S_1 = \gamma_G S_{GE} + \gamma_{Eh} S_{Ehk} + \gamma_{Ev} S_{Evk} + \psi_w \gamma_w S_{wk}$$

$$= 1.2 \times 0.10 + 1.3 \times 0.0768 + 0 + 1.4 \times 0.2 \times 2.73 = 0.9842 （kN/m²）$$

$$\approx 1.0 kN/m² = 1.0 kPa$$

（4）非抗震设计时的荷载效应基本组合

$S_2 = \gamma_G S_{GE} + \gamma_w S_{wk} = 1.2 \times 0.10 + 1.4 \times 2.73 = 3.942 （kN/m²）\approx 4.0 kN/m² = 4.0 kPa > S_1 = 1.0 kN/m² = 1.0 kPa$，故荷载效应基本组合设计值 $S = S_2 = 4.0 kPa$。

因此，抗震设计时的基本组合不起控制作用，应按风荷载效应为主的非抗震设计进行连接强度计算。当基本风压 w_0 取值 0.40kN/m² 时，$S_2 = \gamma_G S_{GE} + \gamma_w S_{wk} = 1.2 \times 0.10 + 1.4 \times 1.68 = 2.472 （kN/m²）\approx 2.5 kN/m² = 2.5 kPa$。

（5）保温系统抗震验算

保温系统的拉伸粘结强度为 0.10MPa 即 100kPa，保温系统承载力设计值 $R = 100/1.5 = 66.67 （kPa）\gg S = S_2 = 4.0 kPa$，为基本组合设计值的 16 倍以上。因此对于保温系统而言，在风荷载和 8 度多遇地震作用下其承载力能够满足设计要求。［注：0.10MPa 和安全系数 1.5 取自《外墙外保温工程技术规程》（JGJ 144—2004）］

（6）保温系统连接（包括胶粘剂粘结和锚栓连接两类）抗震验算胶粘剂拉伸粘结设计强度验算：

保温系统连接件的拉伸粘结强度为 0.10MPa 即 100kPa，采用粘结面积为 40% 时的拉伸粘结强度为 40kPa，即保温系统连接件承载力设计值 $R = 40/1.5 = 26.67 （kPa）> S = S_2 = 4.0 kPa$，为基本组合设计值的 6 倍以上。根据行业标准《外墙外保温技术规程》（JGJ 144—2004）第 4.0.6 条外墙外保温系统抗风荷载性能试验时，其安全系数可取 1.50[3]。因此，可以推算此时的理论有效粘贴面积 $m \geq 4.0/（100/1.5）= 6\%$ 即可满足胶粘剂的拉伸粘结设计强度要求。由此可知，在目前外墙外保温工程采用胶粘剂粘贴为主的锚固方式，在理论上是可行的，理论计算所需的有效粘贴面积仅为 6% 即可满足拉伸粘结设计强度要求，当有效粘贴面积为 40% 时，其安全系数为基本组合设计值的 6 倍以上。

锚栓拉拔设计强度验算：

每个锚栓抗拉强度标准值按 0.60kN 考虑，所需锚栓数量

$$n \geqslant 4.0 / (0.60/1.5) = 10 （个/m^2）$$

由此可见，当不借助胶粘剂粘贴计算时，当锚栓数量低于 10 个/m² 时，薄抹灰系统 EPS 保温板与基层墙体的连接锚固是不满足抗拉承载力设计要求的。也就是说，保温系统依然是采用粘结固定为主，锚栓固定仅仅起到必要的辅助性作用，当设置锚栓数量为 5 个/m² 时，仅仅起到辅助固定拉拔设计承载力的 50%，而不是在粘结拉伸强度失效后，锚栓能够独立承载保温系统的拉拔承载力。

可以推算当基本风压 w_0 取值 0.40kN/m² 时，保温系统的有效粘贴面积理论计算值 $m = 2.5 / (100/1.5) = 3.75\% \approx 4\%$ 即可满足胶粘剂的拉伸粘结设计强度要求。

此时，如需仅仅依靠锚栓连接，则需锚栓数量 $n \geqslant 2.5 / (0.60/1.5) = 6.25 （个/m^2） \approx 7 （个/m^2）$ 即不低于 7 个/m² 时才能满足设计要求。由此可见，目前很多现行标准规程对于外墙外保温系统的连接计算是不满足工程设计要求的，规定的锚栓数量宜为 5 ～ 8 个/m² 是没有根据且没有经过严谨的设计过程推算的，同时对于不同风压地区由于其基本风压取值的不同，其锚栓数量设计一定是不一样的，因此偏安全计算的话，以寒冷地区山东省为例，锚栓数量不宜低于 10 个/m² 是偏安全和相对合理的。这是本书需要提醒广大读者的地方，而不要一味以图集或者生搬硬套相关标准规程来进行不合理的设计而造成保温系统的脱落或者出现设计缺陷。

当然，以上计算是以 EPS 板薄抹灰系统进行设计计算得出的，对于自重较大的无机保温板和 FS 复合外模板现浇混凝土墙体也可以采用类似上述计算方法核算连接件的设计数量是否满足承载力要求。

（7）罕遇地震作用效应与其他荷载效应（如风荷载和自重荷载效应）的基本组合保温系统抗震计算时：

$$S_1 = \gamma_G S_{GE} + \gamma_{Eh} S_{Ehk} + \gamma_{Ev} S_{Evk} + \psi_w \gamma_w S_{wk}$$
$$= 1.2 \times 0.10 + 1.3 \times 0.360 + 0 + 1.4 \times 0.2 \times 2.73 = 1.3524 （kN/m^2）$$
$$\approx 1.35 kN/m^2 = 1.35 kPa$$
$$< S_2 = \gamma_G S_{GE} + \gamma_w S_{wk} = 1.2 \times 0.10 + 1.4 \times 2.73 = 3.942 （kN/m^2）$$
$$\approx 4.0 kN/m^2 = 4.0 kPa （非抗震设计时的荷载效应基本组合）$$

保温系统连接件抗震计算时：

$$S_1 = \gamma_G S_{GE} + \gamma_{Eh} S_{Ehk} + \gamma_{Ev} S_{Evk} + \psi_w \gamma_w S_{wk}$$
$$= 1.2 \times 0.10 + 1.3 \times 0.4320 + 0 + 1.4 \times 0.2 \times 2.73 = 1.446 （kN/m^2）$$
$$\approx 1.45 kN/m^2 = 1.45 kPa$$
$$< S_2 = \gamma_G S_{GE} + \gamma_w S_{wk} = 1.2 \times 0.10 + 1.4 \times 2.73 = 3.942 （kN/m^2）$$
$$\approx 4.0 kN/m^2 = 4.0 kPa （非抗震设计时的荷载效应基本组合）$$

因此，抗震设计遭遇罕遇地震作用时的基本组合也不起控制作用，应按风荷载效应为主的非抗震设计进行连接强度计算。当基本风压 w_0 取值 0.40kN/m² 时，$S_2 = \gamma_G S_{GE} + \gamma_w S_{wk} = 1.2 \times 0.10 + 1.4 \times 1.68 = 2.472 （kN/m^2） \approx 2.5 kN/m^2 = 2.5 kPa$，计算过程和结果同上。

（8）结论

无论是多遇地震还是罕遇地震作用时，对于上述近100m的高层住宅建筑而言，地震作用效应与其他荷载效应组合的基本组合设计值不起控制作用，起控制作用的不考虑抗震计算时风荷载效应与自重荷载效应的基本组合设计值。当完全采用胶粘剂粘贴时，偏安全计算其有效粘贴面积理论计算值需要6%以上；当完全需要锚栓连接时，偏安全计算其锚栓数量需要10个/m²以上。

7.2　建筑保温结构一体化技术体系抗震设计

7.2.1　建筑保温结构一体化技术体系抗震设计原则

1. 结构构件类自保温系统一体化技术体系［按《建筑抗震设计规范（2016年版）》（GB 50011—2010）］

结构构件类自保温系统一体化技术体系如下：

（1）夹芯保温类现浇混凝土一体化技术：①承重类CL（Composite Light-weight Building System）夹芯保温现浇墙体自保温体系；②承重类IPS（Insulation Panel with Steel-mesh）现浇混凝土剪力墙自保温系统；③承重类SW钢网夹芯板现浇钢筋混凝土墙体自保温系统；④承重类CCW钢丝网架板现浇钢筋混凝土墙体自保温系统；⑤承重类RQB现浇混凝土内置钢丝网架保温板系统。

（2）免拆复合保温外模板类现浇混凝土一体化技术：①FS外模板现浇混凝土墙体保温系统；②CT外模板现浇混凝土墙体保温系统；③FW外模板现浇混凝土墙体保温系统；④PSI板现浇混凝土无空腔复合墙体保温系统（LJS叠合板现浇混凝土复合保温系统）；⑤DH外模板现浇混凝土墙体保温系统；⑥MW外模板现浇混凝土墙体保温系统；⑦SR外模板现浇混凝土墙体保温系统；⑧SMXT外模板现浇混凝土墙体保温系统；⑨KP外模板现浇混凝土墙体保温系统；⑩钢板网复合真空绝热板建筑保温系统。

（3）装配式预制墙体类一体化技术体系，如承重类LQ装配式混凝土复合墙板。

（4）承重类自保温砌体类一体化技术。

以上墙体均可作为承重墙体使用，在抗震设计中均为钢筋混凝土材料或者砌体材料组成的抗震剪力墙，因此其建筑保温系统水平地震作用计算应根据《建筑抗震设计规范（2016年版）》（GB 50011—2010）按结构构件进行计算设计。

结构构件类自保温系统一体化技术体系的抗震计算方法主要如下：

（1）底部剪力法等简化计算方法；

（2）振型分解反应谱法；

（3）多遇地震作用下的时程分析法补充计算；

（4）罕遇地震作用下简化的弹塑性分析方法或弹塑性时程分析法；

（5）隔震及消能减震等设计方法。

根据以上抗震计算方法计算出主体结构的地震作用后，根据抗震墙刚度和结构形式和合理进行水平地震作用分配，进行墙体的截面抗震分析和验算。需要注意的是，目前针对结构的抗震计算均是未包括保温系统在内的结构性构件进行设计，并未考虑"复合保温墙体"的设计抗震性能，也就是说，目前以上所述各类需要按结构构件类自保温系统一体化技术体系进行抗震设计的"复合保温墙体"，在具体工程设计中，由于保温系统多样化，只是近似对其承重墙体予以考虑保温系统自重影响，而很少考虑除基层承重墙体外的保温系统其他组成部分的相互影响。目前，这部分抗震研究还需进一步深化，比如保温结构一体化技术中"除基层承重墙体外的保温系统其他组成部分"自重、刚度等参与整体承重墙体抗震的实际工作状态等，这将是以后抗震工作不可忽视的方向之一。鉴于本书著者水平有限和该方面抗震试验研究实践资料较少，本书仅提出宏观性解决方案和注意事项以达到抛砖引玉之目的，期待更高水平专家学者进行深入研究。因此，对于结构构件类自保温系统一体化技术体系的抗震设计我们目前还是处于初始性的起步阶段，并不是简单地考虑增大系数或者仅仅考虑保温结构一体化技术中"除基层承重墙体外的保温系统其他组成部分"自重、刚度等因素影响那么简单。

2. 非结构构件类自保温系统一体化技术体系［按《非结构构件抗震设计规范》（JGJ 339—2015）］

非结构构件类自保温系统一体化技术体系如下：

（1）夹芯保温类现浇混凝土一体化技术：①非承重类 CL（Composite Light-weight Building System）夹芯保温现浇墙体自保温体系；②非承重类 IPS（Insulation Panel with Steel-mesh）现浇混凝土剪力墙自保温系统；③非承重类 SW 钢网夹芯板现浇钢筋混凝土墙体自保温系统；④非承重类 CCW 钢丝网架板现浇钢筋混凝土墙体自保温系统；⑤非承重类 RQB 现浇混凝土内置钢丝网架保温板系统。

（2）装配式预制墙体类一体化技术体系，如①非承重类 LQ 装配式混凝土复合墙板；②DH 预拼装复合保温轻质外墙板；③JS 装配式保温装饰一体化墙板；④YB 装配式轻质装饰保温外墙板（秸秆）。

（3）自保温砌体类一体化技术：①非承重复合自保温砌块；②自保温蒸压加气混凝土砌块；③蒸压瓷粉加气混凝土砌块；④混凝土夹芯秸秆砌块。

以上墙体均可作为非承重墙体使用，在抗震设计中均为非结构构件——建筑填充类围护性隔墙，因此其建筑保温系统水平地震作用计算应根据《非结构构件抗震设计规范》（JGJ 339—2015）按非结构构件进行计算设计。

7.2.2　FW 外模板现浇混凝土墙体保温系统抗震承载力计算实例

以寒冷地区山东省为例，基本风压偏安全取最大值 $w_0 = 0.65\mathrm{kN/m^2}$，以抗震设防 8 度（$0.20g$）考虑地震作用，FW 外模板由外至内的各层构造厚度分别为"3mm 厚抗裂砂浆复合耐碱玻纤网 + 17mm 厚保温砂浆复合热镀锌电焊网 + 55mm 厚石墨挤塑板 + 5mm 厚抗裂砂浆复合耐碱玻纤网"，FW 外模板外侧保温系统构造依次为"25mm 保温砂浆找平层 + 5mm 厚抗裂砂浆复合耐碱玻纤网"，200mm 厚钢筋混凝土剪力墙住宅结构，建筑高度 99.60m。本案例以不包括基层墙体在内的 FW 外模板现浇混凝土墙体保温系统作为非结构构件进行分析比较计算，以期比较与外墙外保温薄抹灰系统的异同之处。

（1）建筑保温系统作为围护结构计算其垂直于建筑物表面的风荷载标准值，$w_k = \beta_{gz}\mu_{sl}\mu_z w_0$，计算参数取值详见表 7.8。

表 7.8　风荷载计算参数取值

β_{gz}	μ_{sl}	μ_z	w_0	w_k
1.5	−1.4	2.0	0.65	−2.73
1.5	−1.4	2.0	0.60	−2.52
1.5	−1.4	2.0	0.55	−2.31
1.5	−1.4	2.0	0.50	−2.10
1.5	−1.4	2.0	0.45	−1.89
1.5	−1.4	2.0	0.40	−1.68

（2）建筑保温系统水平地震作用计算

按山东省 8 度抗震设防最不利情况（0.20g）考虑，保温系统多遇水平地震作用标准值 $F = \gamma\eta\zeta_1\zeta_2\alpha_{max}G = 0.064\text{kN/m}^2$，保温系统罕遇水平地震作用标准值 $F = \gamma\eta\zeta_1\zeta_2\alpha_{max}G = 0.360\text{kN/m}^2$，参数取值见表 7.9 ~ 表 7.13。

表 7.9　地震作用参数取值

项目	γ	η	ζ_1	ζ_2	$\gamma\eta\zeta_1\zeta_2$
非承重围护墙	1.0	1.0	2.0	2.0	4.0
保温幕墙	1.0	1.0	2.0	2.0	4.0
墙体连接件	1.0	1.2	2.0	2.0	4.8
饰面连接件	1.0	1.0	2.0	2.0	4.0

表 7.10　水平地震作用影响系数最大值 α_{max}

抗震设防烈度	6 度（0.05g）	7 度（0.10g/0.15g）	8 度（0.20g/0.30g）
多遇地震	0.04	0.08/0.12	0.16/0.24
罕遇地震	0.28	0.50/0.72	0.90/1.20

表 7.11　地震作用参数取值 $\gamma\eta\zeta_1\zeta_2\alpha_{max}$

项目	抗震设防烈度	6 度（0.05g）	7 度（0.10g/0.15g）	8 度（0.20g/0.30g）
保温系统	多遇地震	0.160	0.320/0.480	0.640/0.960
系统连接件	多遇地震	0.192	0.384/0.576	0.768/1.152
保温系统	罕遇地震	1.120	2.000/2.880	3.600/4.800
系统连接件	罕遇地震	1.344	2.400/3.456	4.320/5.760

表 7.12　FW 保温系统自重标准值

项目		密度（kg/m³）	构造层厚度（m）	面密度标准值（kg/m²）
抗裂层	5mm 厚抗裂砂浆复合耐碱玻纤网	1800	0.005	9
找平层	25mm 保温砂浆找平层	400	0.025	10
FW 复合保温模板	3mm 厚抗裂砂浆复合耐碱玻纤网	1800	0.003	5.4
	17mm 厚保温砂浆复合热镀锌电焊网	1800	0.017	30.6
	55mm 厚石墨挤塑板	38	0.055	2.10
	5mm 厚抗裂砂浆复合耐碱玻纤网	1800	0.005	9
自重标准值合计		66.10kg/m² = 0.661kN/m²		

表 7.13　FW 保温系统水平地震作用标准值 F（kN/m²）

项目	抗震设防烈度	6 度（0.05g）	7 度（0.10g/0.15g）	8 度（0.20g/0.30g）
保温系统	多遇地震	0.106	0.212/0.317	0.423/0.635
系统连接件	多遇地震	0.127	0.254/0.381	0.508/0.761
保温系统	罕遇地震	0.740	1.322/1.904	2.380/3.173
系统连接件	罕遇地震	0.888	1.586/2.284	2.856/3.807

（3）多遇地震作用效应与其他荷载效应（如风荷载和自重荷载效应）的基本组合

保温系统抗震计算时：

$$S_1 = \gamma_G S_{GE} + \gamma_{Eh} S_{Ehk} + \gamma_{Ev} S_{Evk} + \psi_w \gamma_w S_{wk}$$

$$= 1.2 \times 0.661 + 1.3 \times 0.423 + 0 + 1.4 \times 0.2 \times 2.73 = 2.1075 \text{（kN/m}^2\text{）}$$

$$\approx 2.11 \text{kN/m}^2 = 2.11 \text{kPa}$$

保温系统连接件抗震计算时：

$$S_1 = \gamma_G S_{GE} + \gamma_{Eh} S_{Ehk} + \gamma_{Ev} S_{Evk} + \psi_w \gamma_w S_{wk}$$

$$= 1.2 \times 0.661 + 1.3 \times 0.508 + 0 + 1.4 \times 0.2 \times 2.73 = 2.218 \text{（kN/m}^2\text{）}$$

$$\approx 2.22 \text{kN/m}^2 = 2.22 \text{kPa}$$

（4）非抗震设计时的荷载效应基本组合

$$S_2 = \gamma_G S_{GE} + \gamma_w S_{wk} = 1.2 \times 0.661 + 1.4 \times 2.73 = 4.6152 \text{（kN/m}^2\text{）}$$

$$\approx 4.62 \text{kN/m}^2 = 4.62 \text{kPa} > S_1$$

$= 2.11 \text{kN/m}^2 = 2.11 \text{kPa}$，故荷载效应基本组合设计值 $S = S_2 = 4.62 \text{kPa}$。

因此，抗震设计时的基本组合不起控制作用，应按风荷载效应为主的非抗震设计进行连接强度计算。当基本风压 w_0 取值 0.40kN/m² 时，$S_2 = \gamma_G S_{GE} + \gamma_w S_{wk} = 1.2 \times 0.661 + 1.4 \times 1.68 = 3.1452 \text{（kN/m}^2\text{）} \approx 3.15 \text{kN/m}^2 = 3.15 \text{kPa}$。

（5）保温系统抗震验算

保温系统的拉伸粘结强度为 0.10MPa 即 100kPa，保温系统承载力设计值 $R = 100/1.5 = 66.67$（kPa）$\gg S = S_2 = 4.62 \text{kPa}$，为基本组合设计值的 14 倍以上。因此对于保温系统而言，在风荷载和 8 度多遇地震作用下其承载力能够满足设计要求。　［注：0.10MPa 和安全系数 1.5 取自《外墙外保温工程技术规程》（JGJ 144—2004）］

（6）多遇地震作用时保温系统连接（包括胶粘剂粘结和锚栓连接两类）抗震验算

① 胶粘剂拉伸粘结设计强度验算：

保温系统连接件的拉伸粘结强度为 0.10MPa 即 100kPa，采用粘结面积为 40% 时的拉伸粘结强度为 40kPa，即保温系统连接件承载力设计值 $R = 40/1.5 = 26.67$（kPa）$> S = S_2 = 4.62 \text{kPa}$，为基本组合设计值的 6 倍以上。根据行业标准《外墙外保温工程技术规程》（JGJ 144—2004）第 4.0.6 条外墙外保温系统抗风荷载性能试验时，其安全系数可取 1.50[3]。因此，可以推算此时的理论有效粘贴面积 $m \geq 4.62/（100/1.5）= 6.93\%$ 即可满足胶粘剂的拉伸粘结设计强度要求。由此可知，在目前外墙外保温工程采用胶粘剂粘贴为主的锚固方式，在理论上是可行的，理论计算所需的有效粘贴面积仅为 6.93% 即可满足拉伸粘结设计强度要求，当有效粘贴面积为 40% 时，其安全系数为基本组合设计值的 5 倍以上。

②锚栓拉拔设计强度验算：

每个锚栓抗拉强度标准值按 0.60kN 考虑，所需锚栓数量

$$n \geqslant 4.62/（0.60/1.5）=11.55（个/m^2）\approx 12（个/m^2）$$

由此可见，当不借助胶粘剂粘贴计算时，当锚栓数量低于 12 个/m² 时，薄抹灰系统 EPS 保温板与基层墙体的连接锚固是不满足抗拉承载力设计要求的。也就是说，保温系统依然是采用粘结固定为主，锚栓固定仅仅起必要的辅助性作用，当设置锚栓数量为 6 个/m² 时，锚栓固定力仅仅为固定拉拔设计承载力的 50%，在粘结拉伸强度失效后，锚栓不能够独立承载保温系统的拉拔承载力。

可以推算当基本风压 w_0 取值 0.40kN/m² 时，保温系统的有效粘贴面积理论计算值 $m=3.15/（100/1.5）=4.725\%\approx 5\%$ 即可满足胶粘剂的拉伸粘结设计强度要求。此时，如需仅仅依靠锚栓连接，则需锚栓数量 $n \geqslant 3.15/（0.60/1.5）=7.875（个/m^2）\approx 8（个/m^2）$ 即不低于 8 个/m² 时才能满足设计要求。由此可见，目前很多现行标准规程对于外墙外保温系统的连接计算是不满足工程设计要求的，规定的锚栓数量宜为 5~8 个/m² 也同样是没有根据且没有经过严谨的设计过程推算的，同时对于不同风压地区由于其基本风压取值的不同，其锚栓数量设计一定是不一样的，因此偏安全计算的话，以寒冷地区山东省为例，锚栓数量不宜低于 12 个/m² 是偏安全和相对合理的。这是本书再次需要提醒广大读者的地方，而不要一味以图集或者生搬硬套相关标准规程来进行不合理的设计而造成保温系统的脱落或者出现设计缺陷。当然，以上计算是以 FW 外模板现浇混凝土墙体保温系统且以附着于基层墙体的外保温系统作为非结构构件进行设计计算得出的。

（7）罕遇地震作用效应与其他荷载效应（如风荷载和自重荷载效应）的基本组合

保温系统抗震计算时：

$$S_1 = \gamma_G S_{GE} + \gamma_{Eh} S_{Ehk} + \gamma_{Ev} S_{Evk} + \psi_w \gamma_w S_{wk}$$
$$= 1.2 \times 0.661 + 1.3 \times 2.38 + 0 + 1.4 \times 0.2 \times 2.73 = 4.6516（kN/m^2）$$
$$\approx 4.65kN/m^2 = 4.65kPa > S_2 = \gamma_G S_{GE} + \gamma_w S_{wk}$$
$$= 1.2 \times 0.661 + 1.4 \times 2.73 = 4.6152（kN/m^2）$$
$$\approx 4.62kN/m^2 = 4.62kPa（非抗震设计时的荷载效应基本组合），但两者相差不大。$$

保温系统连接件抗震计算时：

$$S_1 = \gamma_G S_{GE} + \gamma_{Eh} S_{Ehk} + \gamma_{Ev} S_{Evk} + \psi_w \gamma_w S_{wk}$$
$$= 1.2 \times 0.661 + 1.3 \times 2.856 + 0 + 1.4 \times 0.2 \times 2.73 = 5.2704（kN/m^2）$$
$$\approx 5.27kN/m^2 = 5.27kPa > S_2 = \gamma_G S_{GE} + \gamma_w S_{wk}$$
$$= 1.2 \times 0.661 + 1.4 \times 2.73 = 4.6152（kN/m^2）$$
$$\approx 4.62kN/m^2 = 4.62kPa（非抗震设计时的荷载效应基本组合）$$

保温系统连接件抗震计算时：

因此，与节能 75% 时的 80mm 厚 EPS 板薄抹灰外保温系统不同的是，FW 外模板现浇混凝土保温系统在抗震设计以遭遇罕遇地震作用时的基本组合为控制作用。

（8）罕遇地震作用时保温系统连接（包括胶粘剂粘结和锚栓连接两类）抗震验算

① 胶粘剂拉伸粘结设计强度验算：

保温系统连接件的拉伸粘结强度为 0.10MPa 即 100kPa，采用粘结面积为 40% 时的拉伸粘结强度为 40kPa，即保温系统连接件承载力设计值 $R = 40/1.5 = 26.67$（kPa）$> S = S_1 = 5.27$kPa，为基本组合设计值的 5 倍以上。根据行业标准《外墙外保温工程技术规程》（JGJ 144—2004）第 4.0.6 条外墙外保温系统抗风荷载性能试验时，其安全系数可取 1.50。因此，可以推算此时的理论有效粘贴面积 $m \geqslant 5.27/(100/1.5) = 7.9\% \approx 8\%$ 即可满足胶粘剂的拉伸粘结设计强度要求。由此可知，在目前外墙外保温工程采用胶粘剂粘贴为主的锚固方式，在理论上是可行的，理论计算所需的有效粘贴面积仅为 8% 即可满足拉伸粘结设计强度要求，当有效粘贴面积为 40% 时，其安全系数约为基本组合设计值的 5 倍。FW 保温系统与现浇墙体共同施工作为免拆模板使用，因此，此处计算过程可省略，而不会在实际工程中采用胶粘剂进行粘结固定 FW 外模板，列出其计算过程在于对比分析与 EPS 板薄抹灰保温系统的异同之处。

② 锚栓拉拔设计强度验算：

每个锚栓抗拉强度标准值按 0.60kN 考虑，所需锚栓数量

$$n \geqslant 5.27/(0.60/1.5) = 13.175（个/m^2）\approx 14（个/m^2）$$

由此可见，当不借助胶粘剂粘贴计算时，当锚栓数量低于 14 个/m² 时，FW 外模板与基层墙体的连接锚固是不满足抗拉承载力设计要求的。但与 EPS 板薄抹灰保温系统不同的是，这里由于没有胶粘剂的粘结作用，而完全依靠锚栓连接与基层现浇墙体进行锚固连接。

可以推算当基本风压 w_0 取值 0.40kN/m² 时，其 $w_k = 1.68$kN/m²，非抗震设计时的荷载效应基本组合 $S_2 = \gamma_G S_{GE} + \gamma_w S_{wk} = 1.2 \times 0.661 + 1.4 \times 1.68 = 3.1452$（kN/m²）$\approx 3.15$kN/m² $= 3.15$kPa。此时的保温系统连接件在罕遇地震作用时的荷载效应基本组合设计值

$$S_1 = \gamma_G S_{GE} + \gamma_{Eh} S_{Ehk} + \gamma_{Ev} S_{Evk} + \psi_w \gamma_w S_{wk}$$
$$= 1.2 \times 0.661 + 1.3 \times 2.856 + 0 + 1.4 \times 0.2 \times 1.68 = 4.9764（kN/m^2）$$
$$\approx 5.0kN/m^2 = 5.0kPa > S_2$$
$$= \gamma_G S_{GE} + \gamma_w S_{wk} = 3.15kPa（非抗震设计时的荷载效应基本组合）。$$

可见此时基本风压 w_0 取值 0.40kN/m² 时，仍是以罕遇地震作用时的荷载效应组合起控制作用，非抗震设计不起控制作用，因此锚栓数量 $n \geqslant 5.0/(0.60/1.5) = 12.5$（个/m²）$\approx 13$（个/m²）即不低于 13 个/m² 时才能满足设计要求。由此可见，目前很多现行标准规程对于外墙外保温系统的连接计算是不满足工程设计要求的，规定的锚栓数量宜为 5～8 个/m² 也同样是没有根据且没有经过严谨的设计过程推算的，同时对于不同风压地区由于其基本风压取值的不同，其锚栓数量设计一定是不一样的，因此偏安全计算的话，以寒冷地区山东省为例，锚栓数量不宜低于 14 个/m² 是偏安全和相对合理的。本书需要再次提醒广大读者的地方，工程设计中，一定不要一味以图集或者生搬硬套相关标准规程来进行不合理的设计而造成保温系统的脱落或者出现设计缺陷。

（9）结论

当 FW 外模板保温系统遭受多遇地震作用影响时，其承载力设计以非抗震设计时的

荷载效应基本组合为设计值，地震作用不起控制作用，此时基本风压 w_0 取值 0.40kN/m^2 时，连接锚栓数量不应低于 8 个/m^2；基本风压 w_0 取值 0.65kN/m^2 时，连接锚栓数量不应低于 12 个/m^2。当 FW 外模板保温系统遭受罕遇地震作用影响时，其承载力设计以罕遇地震作用效应组合时的基本组合设计值起控制作用，此时基本风压 w_0 取值 0.40 kN/m^2 时，连接锚栓数量不应低于 13 个/m^2；基本风压 w_0 取值 0.65kN/m^2 时，连接锚栓数量不应低于 14 个/m^2。这是与 80mm 厚 EPS 保温板薄抹灰外保温系统的抗震计算结果不同的，主要是由于外模板及其外侧找平抹面构造层自重的增加，使得罕遇地震作用时其水平地震作用效应不可忽视。

当然，需要说明的是，以上计算是以 FW 外模板现浇混凝土墙体保温系统且以附着于基层墙体的外保温系统作为非结构构件进行设计计算得出的，当其作为"保温复合墙体"参与主体结构的抗震计算时，其计算过程将必须借助计算软件进行地震作用计算和抗侧力分配以及节目抗震计算，那将是更为复杂的计算过程，尤其是其 FW 外模板自身刚度对"保温复合墙体"的影响以及承载力分配在现阶段不是手算所能达到的，但是以上抗震计算过程仍值得比较和借鉴，至少在保温工程技术应用中填补了设计阶段的空白，会对一线工程设计人员起到很好的指导应用作用。

7.3 建筑保温结构一体化技术抗震试验

7.3.1 模拟地震振动台试验

模拟地震振动台是自 20 世纪 60 年代中期以后逐步发展起来的地震动力试验设备，主要是通过台面运动对试验试件输入地面运动，以模拟地震对结构作用的全过程，从而进行结构或模型的动力特性和动力反应试验，主要特点在于可再现各种形式的地震波形，在实验室条件下可直接观测与了解试体和模型的震害状态和破坏情况[4]。模拟地震振动台试验通过向振动台输入一定波形的地震波，激励振动台上结构模型的反应，从而很好地反映和再现地震作用时的过程影响，以方便观测外墙保温系统构件在模拟地震作用下各组成部分的地震反应[5]。

山东建筑大学周学军教授等对增强型复合外模板保温系统开展了地震模拟振动台试验，较为真实地反映了复合保温外模板与基层钢筋混凝土墙体、复合保温外模板与饰面找平浆料层之间在地震作用下的粘结性能，试验根据有、无预制钢丝网架加强层两种情况分别设计制作了 2 组复合保温外模板现浇混凝土保温系统振动台试验模型，并对试验模型按 16 种工况输入 2 组天然地震波和 1 组人工波，主要是通过测定模型试件的动力响来观测分析复合保温外模板和找平浆料层以及饰面层的裂缝开展与破坏状态情况，并对比分析 2 组不同有无钢丝网架板模型试件时的抗震性能。试验结果表明，带有预制托网和加强连接件的增强型保温系统在试验过程中整体连接牢固可靠，未发生明显损伤，其复合保温模板外侧的找平浆料层有更好的粘结性能，复合保温模板与基层混凝土墙体的整体抗震性能更优；带有预制托网与加强连接件的增强型系统，可适用于地震动峰值加速度 $PGA \leqslant 0.4g$ 地区，而非加强型可用于 $PGA \leqslant 0.3g$ 地区，其适用高度不超过 100m[6]。

同时，需要注意的是，在试验过程中尤其是罕遇地震作用下并没有发生保温层的明显脱落等现象，其试验方法是依据原行业标准《胶粉聚苯颗粒外墙外保温系统》（JG 158—2004）采用由基层墙体和 T 形外保温系统组成的试样进行模拟振动台试验的，也就是说，试样大小尺寸至少为 1.0m × 1.0m，数量不少于 3 个，混凝土墙或砖墙基层墙体应保证基层墙体在试验过程中不破坏。但在随后修订的推荐性行业标准《胶粉聚苯颗粒外墙外保温系统材料》（JG/T 158—2013）中删除了关于其胶粉聚苯颗粒外墙外保温系统的模拟振动台抗震试验相关内容，其试验结果以试件有严重损坏脱落时立即终止试验，如设防烈度地震试验完毕后，面砖及外保温系统无脱落时即抗震性能合格[7-8]。

2005 年 9 月 10 日中国建筑科学研究院工程抗震研究所、铁道部科学研究院铁建所等单位在石家庄铁道学院工程结构检测中心针对胶粉聚苯颗粒贴砌模塑 EPS 板两种不同构造形式的粘贴面砖保温系统（贴砌 EPS 板 + 找平保温浆料 + 瓷砖；贴砌 EPS 板 + 抗裂薄抹灰构造 + 瓷砖）进行了对比性模拟振动台抗震试验，选择垂直于瓷砖饰面且具有广泛代表性、对外饰面破坏最大的正弦波作为地震波输入试验模型。试验结果表明，在同一钢筋混凝土时间两侧不同构造形式的保温系统经过 10h 两个周期的振动试验，第一个周期内加速度达 0.5g 时，钢筋混凝土墙体材料又部分脱落和裂缝产生，但两侧保温系统构造的保温材料和饰面层均无开裂、损坏和脱落产生，粘贴瓷砖也无脱落松动现象，抗震试验后对试件瓷砖的拉拔试验结果表明，其胶粘剂拉伸粘结强度可达 0.73MPa，远大于其系统要求的 0.4MPa 抗拉承载力要求，罕遇地震作用下其保温系统没有发生开裂和脱落可能是与其构造系统本身的柔性连接渐变系统的耗能能力有关[9]。郭永彦通过总结 2008 年 5 月 12 日四川省汶川县发生里氏 8.0 级强烈地震时的外墙外保温系统破坏现状，对"5·12"汶川地震灾区外墙外保温工程典型案例的质量状况、破坏形式、受损特征、安全状况展开调研，并找出了规律性特征，也是依据《胶粉聚苯颗粒外墙外保温系统》（JG 158—2004）制定了具体的试验方案和制作标准试件，在地震模拟试验台阵系统对不同质量面砖的胶粉聚苯颗粒外墙外保温系统的抗震性能、不同施工工艺的外墙外保温系统的抗震性能和外墙外保温系统经人工老化后的抗震性能进行研究，并得出相应的抗震结果，但对于目前的除胶粉聚苯颗粒外墙外保温系统外的外墙外保温系统抗震性能试验研究很少，尤其是建筑结构保温一体化技术抗震试验没有涉及[10]。

7.3.2　拟静力低周反复加载试验

拟静力低周反复加载试验是指采用一定的荷载控制或变形控制对模型试件进行反复加载和卸载试验，使试件由弹性受力状态至弹塑性受力状态乃至塑性破坏的整个试验过程，目的是验证建筑保温系统的抗震性能，其试验方法主要是依据行业标准《建筑抗震试验规程》（JGJ/T 101—2015）。黄振利以"10mm 厚硅酸钙板 + 200mm 厚非承重聚苯颗粒泡沫混凝土轻质墙体 + 30mm 厚增强竖丝岩棉复合板 + 13mm 厚胶粉聚苯颗粒浆料 + 4mm 厚抗裂防护层"试件（2600mm × 3400mm），沿墙体长度 3400mm 中间设置钢筋混凝土芯柱 1 根（厚 200mm × 宽 100mm），沿墙体高度 3400mm 每 600mm 共设置 3 道钢筋混凝土水平系梁（厚 200mm×高 100mm），试验采用控制位移加载法，结果表明，在加载位移 10.4mm 即 1/250 层间位移角前的墙体裂缝宽度为 0.02mm，在加载位移 65mm 即 1/40 层间位移角前，除局部挤压鼓起外，未见墙体材料脱落及发生墙体倒塌现象，证明了非承重自保温墙体的抗震性能良好[9]。这里需要注意的是，在这个试验过程中，试验机理是以"非承重复合自保温轻质隔墙"作为非承重构件而进行拟静力低周反复加载试验来验证其抗震性能的，其实对于承重类复合保温墙体的一体化技术也可以通过类似试验方法予以验证。

7.3.3　建筑保温结构一体化技术抗震试验方法适用合理性探讨

以上分析阐述可知，目前对于建筑保温系统的抗震试验，无论是试验方法和试验依据还是很少，对于作为"非结构构件"的保温系统可以参照原行业标准《外墙外保温工程技术规程》（JGJ 144—2004）进行模拟振动台抗震试验，也可以根据行业标准《建筑抗震试验规程》（JGJ/T 101—2015）进行非结构构件保温系统的拟静力低周反复加载试验来观测其抗震性能特征，但针对目前各类形式的保温系统和建筑保温结构一体化技术体系，采用上述试验方法的合理准确性还有待商榷，鉴于著者水平有限，提出几点建议以供参考。

（1）建议模拟振动台试验试件以等比例缩尺建筑模型对"建筑保温结构一体化技术体系"进行抗震试验。

目前对于其他类型的建筑保温系统，目前相关的试验数据很少，外墙外保温系统的抗震性能国内外研究甚少，也同样缺乏研究数据，尤其是对于建筑保温结构一体化技术体系的抗震性能试验和理论试验对比分析资料，目前还很欠缺。可见，尽管现行行业标准《建筑抗震试验规程》（JGJ/T 101—2015）对各种结构及构件的抗震试验方法做了规定，但是目前我国标准规范对于建筑保温系统的抗震性能试验仍没有较为明确的规定。以上试验也只是针对胶粉聚苯颗粒浆料贴砌 EPS 保温板的面砖饰面或者胶粉聚苯颗粒浆料贴砌 EPS 保温板薄抹灰系统作为非结构构件试验时的模拟振动台试验情况，但对于行业标准《外墙外保温工程技术规程》（JGJ 144—2004）中提到的其他类型外墙外保温系统，并没有相关的抗震试验方法和依据，尤其是对于目前的"新四大类"保温结构一体化技术体系而言，由于其系统本身自重远大于薄抹灰保温系统，且有的与非承重外墙共同作为非结构构件使用，有的与承重墙体复合在一起共同参与主体结构抗震作用和协调变形，仅仅依靠"丁"字形试件模型并复合保温系统的模拟振动台试验显然不能代表建筑结构遭遇地震作用时的受力和变形特征，尚需结合。也就是说，依据原行业标准《胶粉聚苯颗粒外墙外保温系统》（JG 158—2004）采用由基层墙体和 T 形外保温系统组成的试样进行模拟振动台试验，仅仅是对"胶粉聚苯颗粒外墙外保温系统"而言，但修订后的推荐性行业标准《胶粉聚苯颗粒外墙外保温系统材料》（JG/T 158—2013）却没有相关抗震试验方法和内容，其抗震试验是否合理？再者，对于试件而言，如果保温系统不是作为非结构构件参与主体结构的抗震作用，而是与主体外墙一起组成"复合保温墙体"参与建筑抗震，是否需要对建筑物采用缩尺比例模型进行模拟振动台试验更为合理？同时，可以对比分析以"由基层墙体和 T 形外保温系统组成的试样"和"缩尺比例模型试件"两种情况时的振动台抗震试验结果。尤其是针对现阶段广泛应用的保温结构一体化技术体系，很多属于"复合保温墙体"共同参与主体结构受力和变形，需要考虑建筑整体模型的抗震性能，而不仅仅是针对"片墙"进行抗震试验或者仅仅考虑"保温系统"自身遭遇地震模拟工况的受力变形特征。

（2）建议同时采用拟静力低周反复加载试验和模拟地震振动台试验对"建筑保温结构一体化技术体系"进行抗震对比试验，并结合抗震设计理论计算结果进行对比分析。

模拟地震振动台试验可以反映"建筑保温结构一体化技术体系"的直观性、宏观性抗震表现状态和特征，尤其是采用"缩尺比例模型试件"取代"由基层墙体和 T 形外保温系统组成的试样"式的"片墙"试件进行振动台试验则能够更为准确地反映保温系统参与整体结构的抗震特点，而拟静力低周反复加载试验则能辅助性地反映其构件在逐级加载或者位移控制过程中的受力及变形破坏特征，给出更为翔实的数据分析结果和荷载——位移对应关系，两者与多遇、罕遇地震时的抗震设计理论计算结果相对比，则能较为全面地反映其保温技术体系的抗震性能。

参考文献

［1］中华人民共和国住房和城乡建设部，中华人民共和国国家质量监督检验检疫总局．建筑抗震设计规范：GB 50011—2010（2016 年版）［S］．北京：中国建筑工业出版社，2016.

［2］中华人民共和国住房和城乡建设部．非结构构件抗震设计规范：JGJ 339—2015［S］．北京：中国建筑工业出版社，2015.

［3］中华人民共和国建设部．外墙外保温工程技术规程：JGJ 144—2004［S］．北京：中国建筑工业出版社，2004.

［4］中华人民共和国住房和城乡建设部．建筑抗震试验规程：JGJ/T 101—2015［S］．北京：中国建筑工业出版社，2015.

［5］周颖，吕西林．建筑结构振动台模型试验方法与技术［M］．北京：科学出版社，2016.

［6］周学军，魏方帅，李明洋，等．增强型复合外模板保温系统抗震性能试验研究［J］．山东建筑大学学报，2018（03）1-6.

［7］国家食品药品监督管理局．胶粉聚苯颗粒外墙外保温系统：JG 158—2004［S］．北京：中国标准出版社，2004.

［8］中华人民共和国住房和城乡建设部．胶粉聚苯颗粒外墙外保温系统材料：JG/T 158—2013［S］．北京：中国标准出版社，2013.

［9］北京建筑节能与环境工程协会，等．外保温技术理论与应用［M］．北京：中国建筑工业出版社，2015：161-166.

［10］郭永彦．外墙外保温工程震害调查及抗震性能初步分析［D］．重庆：重庆交通大学，2009.

第8章 现阶段建筑保温结构一体化技术应用总结与发展策略建议

本书通过重新划分保温结构一体化技术"新四大类"体系，主要就 5 类夹芯保温类现浇混凝土一体化技术、6 类有机保温材料和 4 类无机保温材料共 10 类免拆保温外模板类现浇混凝土一体化技术、4 类装配式预制墙体类一体化技术体系和 4 类自保温砌体类一体化技术的技术特征和系统构造进行对比分析及详述，探析其技术特征和系统构造及应用特点，得出现阶段适用于北方寒冷地区建筑保温结构一体化技术的应用建议与发展策略如下：

（1）夹芯保温类现浇混凝土一体化技术由斜腹丝网架插筋构造向多元化立体网架复合板方向改进发展；免拆保温外模板类现浇混凝土一体化技术，有机保温材料复合墙体由分层粘结构造向立体连接方式发展，无机保温材料复合墙体向复合超轻、超薄、抗裂构造方向发展；常用自保温砌块类一体化技术向瓷粉废渣利用和复合蒸压加气混凝土方向发展；装配式预制墙体类一体化技术由条形预制复合墙板向拼装单元式保温装饰与结构一体化技术方向发展。

（2）从原材料应用方面，建筑保温结构一体化技术逐步由传统建筑材料向固体废弃物利用如陶瓷废渣等和农作物秸秆等循环利用方向发展。

（3）从建筑保温工程防火安全性角度，建筑保温结构一体化技术将由以前单一燃烧性能等级决定的"材料防火"向复合墙体"构造防火"方向发展，但 B_1 级材料防火体系工程应用适用性和安全性不容忽视。

（4）从适用范围看，建筑保温结构一体化技术应用领域已由最初的多、高层居住建筑和公共建筑等民用建筑类型逐步向工业建筑拓展，并且逐步推广应用在新时代"乡村振兴"事业的新型绿色农房建筑中。

（5）从以上"新四大类"体系建筑保温结构一体化技术发展方向和应用前景及应用阶段特点来看，目前适用北方寒冷地区的建筑保温结构一体化技术已由起步阶段的粗放式现浇一体化技术向预制生产的复合模板类技术方向发展，并逐步过渡为精加工工厂化生产的装配式保温与结构一体化预制墙板技术；从生产模式上，粗放式湿作业施工将逐步被精细化智能生产所代替，而最终实现装配式建筑产品的"像造汽车一样建造房子"[1]。

参考文献

[1] 陈一全．北方寒冷地区建筑保温与结构一体化技术应用及发展策略研究［J］．墙材革新与建筑节能，2019（1）：35-49.